黑龙江 流域雀形目
鸟类性别和年龄鉴别

HEILONGJIANG LIUYU QUEXINGMU NIAOLEI XINGBIE HE NIANLING JIANBIE

李显达　编著

哈尔滨出版社
HARBIN PUBLISHING HOUSE

图书在版编目（CIP）数据

黑龙江流域雀形目鸟类性别和年龄鉴别 / 李显达编
著 . -- 哈尔滨：哈尔滨出版社，2025. 3. -- ISBN 978-
7-5484-8414-1

Ⅰ . Q959.708

中国国家版本馆 CIP 数据核字第 20251H7G77 号

书　　名：黑龙江流域雀形目鸟类性别和年龄鉴别
HEILONGJIANG LIUYU QUEXINGMU NIAOLEI XINGBIE HE NIANLING JIANBIE

作　　者：李显达　编著
责任编辑：滕　达
装帧设计：博鑫设计

出版发行：哈尔滨出版社（Harbin Publishing House）
社　　址：哈尔滨市香坊区泰山路 82-9 号　　　邮编：150090
经　　销：全国新华书店
印　　刷：天津睿和印艺科技有限公司
网　　址：www.hrbcbs.com
E-mail：hrbcbs@yeah.net
编辑版权热线：（0451）87900271　87900272
销售热线：（0451）87900202　87900203

开　　本：787mm×1092mm　1/16　印张：11.75　字数：210 千字
版　　次：2025 年 3 月第 1 版
印　　次：2025 年 3 月第 1 次印刷
书　　号：ISBN 978-7-5484-8414-1
定　　价：128.00 元

凡购本社图书发现印装错误，请与本社印制部联系调换。
服务热线：（0451）87900279

编委会

序言 1

雀形目鸟类是鸟类中的最大类群，全球种类超过 6 500 种，约占所有现生鸟类物种的三分之二。在雀形目鸟类的生态学研究中，性别和年龄是两个重要的参数，但其鉴定在很多种类中往往具有很大挑战性。一些学者曾尝试根据鸟类身体的颜色、羽毛形状、头骨的骨化程度甚至行为特征进行判别，并发表了多篇论文。近年来，通过分子生物学技术对鸟类性别进行鉴定逐渐成为一种成熟方法。但在鸟类多样性本底调查、鸟类环志等工作中，形态学特征依然是判别鸟类性别和年龄的主要方法。

关于鸟类年龄和性别的鉴定，欧洲学者 L. 斯文森（Lars Svensson）于 2005 年曾出版过一本《欧洲雀形目鸟类鉴定指南》。黑龙江学者李显达先生于 2018 年出版过《嫩江常见雀形目鸟类性别和年龄简易判别手册》。2020 年，全国鸟类环志中心的刘冬平副研究员与外国学者共同出版了《东亚雀形目候鸟年龄与性别鉴定》。这些著作为我国学者开展相关鸟类学研究提供了宝贵参考。

很多年以前，我就在一次全国鸟类学术研讨会上认识了本书作者李显达先生。他是一位长期在黑龙江林区开展鸟类环志研究的青年学者。我曾到嫩江高峰鸟类环志站和黑龙江中央站黑嘴松鸡国家级自然保护区野外考察，与他进行过现场交流。后来，我得知，他到北京林业大学郭玉民教授那里在职学习并获得了博士学位。我对他的第一印象是为人低调朴实、工作兢兢业业、科研上具有积极探索精神。我们这个时代太需要像他这样长期立足基层、不畏艰苦、勤奋工作的青年学者了。因此，当接到他的微信消息，希望我为他的新书写序时，我欣然同意了。

《黑龙江流域雀形目鸟类性别和年龄鉴别》一书，是作者在长期从事鸟类环志工作的基础上编写的。该书对黑龙江流域165种雀形目鸟类的特征进行了深入研究，描述了这些鸟类的性别和年龄简易判别要点。全书文字简洁、照片清晰，兼具科学性和实用性，是一本可用于鸟类环志、科学研究及科学普及等领域工作的工具书。

祝贺《黑龙江流域雀形目鸟类性别和年龄鉴别》出版！期待这本书能得到广大读者的青睐和喜爱。我也希望，在黑龙江乃至全国各地，能有越来越多的人关心鸟类、观察鸟类和研究鸟类。让我们携手并肩，一起来保护鸟类，共创人鸟和谐的美好未来。

北京师范大学教授
中国动物学会鸟类学分会主任委员

2024年10月27日

序言2

PREFACE 2

　　刚刚收到显达博士的书稿《黑龙江流域雀形目鸟类性别和年龄鉴别》，读一读感慨颇多。人生如梦，岁月蹉跎。舀一瓢难祭江河，扯一尺怎够消磨？求永生并不为过，论质地更须好活。来去兮风风火火，奔波兮哪甘寂寞。浩瀚银河星宿闪烁，心随北斗地广天阔。

　　耕耘者显达。世界上的事有大有小。自古以来，"鸟事"常常被视为"小事"。20多年前，当地处嫩江河谷高峰林场"一地厚厚鸟毛"的时候，在时任高峰林场场长方克艰先生的带领下，显达携众友、挥铁帚、追穷寇，生生扫除了当地打鸟、吃鸟、玩儿鸟的坏风气。占林缘作为现场，以环志替代陋习，显达和环志员们如耕牛拉犁，在黑龙江打造了中国鸟类环志的高峰。显达和"显达们"护鸟无数，堪称把小事做好的典范。

　　显达在认真完成了东北林业大学硕士阶段的学习任务后，又心生"杂念"，想继续求学实现攻读博士学位的梦想，以便在更宽的视野下耕作。三番五次的尝试，多因他的年龄偏大而错失机会。2019年，机缘巧合也好，有意为之也罢，显达如愿进入北京林业大学，以本校最高龄博士生的身份开启了他的求学新路。有人质疑我收他为徒的举动，说他没等毕业就要退休了。我的回答是，他比某些毕业就改行的"低龄"学员值得培养。今天看来，我们这个选择的确没错。攻读博士期间，显达几乎听遍了感兴趣的课程。

　　世界的鸟种类繁多，世间的人形形色色。在人们大多务实求进、追求经济效益的背景下，显达淡漠收益，着眼基础，以嫩江为基地，以黑龙江流域为主战场，不畏辛劳，东进西取、南求北索，通过大量扎实工作，历尽各种磨砺和摔打，最终完成了这部书稿。

1

该书的出版将成为未来雀形目鸟类研究工作的重要参考和应手工具。

白云飞鸟朝朝过，耕牛依旧田间作，不祈富贵不求爵，只愿漫天舞欢乐！

北京林业大学教授　郭玉民

2024年11月3日　于寒舍

前　言

FOREWORD

　　对于当代的鸟类学工作者来说，随着各种鸟类图鉴的出版，目前识别鸟种除了极个别的一些相近鸟种以外，已经不是太大的问题。而对于从事鸟类种群生态学的工作者来说，不仅要准确识别鸟种，还要对鸟类的性别、年龄进行鉴别，以便获取更多的信息。要做到这些则不是一件容易的事。

　　我利用鸟类环志数据发表了一些论文，在研究分析鸟类种群动态时发现，其中最重要的一项分析就是性别比例、年龄结构，涉及的诸如柳莺一类的就无法深入分析下去了。而目前，国内外在雀形目鸟类的性别、年龄鉴别方面缺少系统、实用的书籍、资料，这是促使我开展对鸟类的性别、年龄进行鉴别研究的初衷。

　　2012 年，在全国鸟类环志中心建议下，瑞典鸟类学者布·彼得森来到嫩江高峰鸟类环志站，与我们一起通过换羽等研究鸟类年龄判别，偶尔因为判别标准不同产生争论，却更进一步提高了判别精度。我也经常翻阅布送给我的鸟类性别、年龄方面的资料，促进了我的业务能力提升。

　　从鸟类种群动态分析来看，以往的资料中，将雀形目鸟类的生活史按照年龄划分为幼鸟、成鸟两个阶段。随着鸟类学研究的发展，将雀形目鸟类的年龄段进一步细化，将更有利于通过年龄结构变化分析出种群动态变化的规律，有利于更为精确地掌握鸟类年龄结构，便于深入了解雀形目鸟类的种群特征，对开展相应的研究与保护工作都具有重要的意义。根据雀形目鸟类的生理特征，可将雀形目鸟类年龄划分为 1 龄鸟（为研究方便，时间划定为出生至次年 6 月 30 日，记作 1）和成鸟（次年 7 月 1 日以后，记作 2 或 2+），而要区分年龄，则需要从羽色、羽毛磨损、换羽、虹彩等多个指标进行判别。要进行鸟类的性别和年龄的判别研究，首先需要熟悉各部位名称（图1、图2），便于比对和描述。

在北京林业大学郭玉民老师的引导下，我和环志员们从1998年开始陆续在黑龙江嫩江高峰鸟类环志站、黑龙江中央站黑嘴松鸡国家级自然保护区、嫩江圈河省级湿地公园等地开展鸟类环志工作。在国家林业和草原局、全国鸟类环志中心、黑龙江省林业和草原局以及周边保护区的大力支持下，我们共环志鸟类198种36万余只。环志过程中，我们通过借鉴相关文献的启示和实践探索，在鸟类鉴别方面取得了一些经验，在此以黑龙江流域的雀形目鸟类为例，探讨鸟类性别、年龄的判别方法，与同行共享。

黑龙江流域位于亚洲东北部。黑龙江是世界十大河流之一，也是最长的国界河流，流域在北纬42°至56°，东经108°至141°之间，地跨中国、俄罗斯和蒙古三国。其从发源地到鄂霍次克海，全长4 370千米。黑龙江流域包括中国东北地区、俄罗斯远东地区的大部和蒙古的东部，流域面积184.3万平方千米。

黑龙江水系上源有额尔古纳河、石勒喀河，支流众多，有结雅河、布列亚河、松花江、乌苏里江、阿姆贡河、嫩江等。黑龙江流域内有许多山脉，如大兴安岭、小兴安岭、张广才岭、完达山脉及外兴安岭等，这些山脉分隔着黑龙江的干流、支流，流域内的平原和低地多分布在黑龙江中、下游，以及支流两岸和汇流三角洲地带，如三江平原、松嫩平原等。

类型多样的地貌，使这里成为鸟类的重要繁殖地、越冬地和迁徙停歇地，也为我们开展鸟类环志工作提供了良好的环境。

本书是在本人2018年出版的《嫩江常见雀形目鸟类性别和年龄简易判别手册》的基础上修正、补充、完善而成的。在后期的环志过程中，我们又拍摄了大量雀形目鸟类的换羽图片，通过进一步细致观察、比对、分析，并查阅相关研究成果，增加了51种鸟类，故本书共计165种黑龙江流域的雀形目鸟类性别和年龄简易判别要点。编辑此书时，我们力求图示简洁明了、语言精练、通俗易懂（本书不对亚种进行分述），让读者尽快掌握雀形目鸟类的性别、年龄鉴别技能。一些鉴别要点还需要在日后的工作中不断修正、完善。不当之处，烦请同行指正，以便共同提高业务水平，为鸟类学研究做出更多的贡献。

本书是在2023年国家生态修复资金的支持下出版的。本书在编辑过程中得到了朋友们的大力支持，他们提供了许多难得的图片，我在此表示诚挚的谢意！

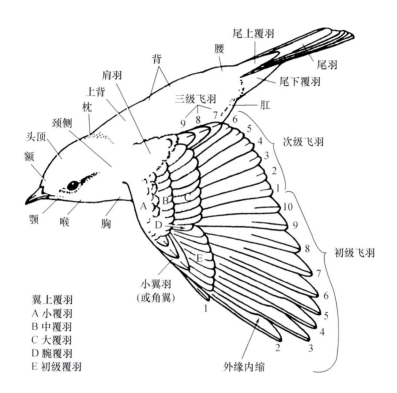

图 1　部位名称

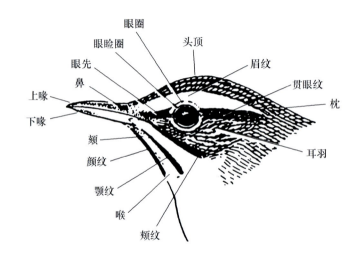

图 2　鸟的头部

引言 I：年龄判别技术

1. 尾羽生长线

在尾羽上，迎光 45° 时，可以观察到生长线。理论上可以认为，比较整齐的是幼鸟，不整齐的可以认为是成鸟。

但是也存在其他情况：（1）因意外失掉了尾羽，新尾羽会同时生长；（2）不同时生长的尾羽可能凑巧成带等。所以，野外工作时还要寻找其他指标做附证。

2. 尾羽羽型

有些鸟第一次换羽，会保留部分或所有的尾羽不换羽，因此不同的尾羽型可帮助辨认年龄。亚成鸟的尾羽倾向于比成鸟的羽毛窄且羽端锐尖形（图 3b），而成鸟尾羽的羽枝较长且密，使得尾羽较宽且较有光泽，且羽端圆弧形（图 3a）。本书中，羽序是从中间向外侧计数。

第1~6枚尾羽　　　　　　　　　　　　第1~6枚尾羽

（a）成鸟　　　　　　　　　　　　　（b）1龄鸟

图 3　尾羽

3. 换羽

分辨鸟类年龄时，羽毛换羽及磨损的情况对于种或亚种的分辨非常重要。

雀形目鸟类的换羽为逐次换羽。翅上的飞羽真正换羽的顺序是对称的或非常接近对称的，意外掉落的羽毛随时会长出新的羽毛，所以必须先检查双翅；尾羽换羽通常也是对称的，但不规则的状况也有。

4. 羽毛磨损

羽毛会因气流作用和曝晒而磨损且破裂，即羽端及侧缘磨损、破损且羽毛表面变得较不具光泽。羽毛的色泽通常会褪色，变得暗淡、灰白，例如纯灰色变得较褐色、褐略带红色变得较灰色，以及皮黄色变得较白色。

亚成鸟的羽毛通常较再生出的羽毛松散，质地不同且亦较不耐久。当某些种类亚成鸟的第一次秋季或冬季仅部分换羽时，其较旧羽与较新羽间的材质不同，在磨损后，差异会日益明显。由于磨损，多数成鸟的初级飞羽羽端呈圆尖形，1龄鸟的初级飞羽羽端呈尖形。

在换羽前最容易磨损及破损的羽毛（图4）：

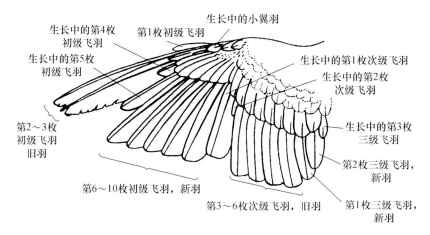

图4　雀形目鸟类换羽图式

（1）尾羽，特别是凹尾型鸟的最长（最外侧）尾羽（尾羽较长的鸟的尾羽更易磨损）；

（2）三级飞羽；

（3）外侧（长）初级飞羽；

（4）大部分的翅上覆羽，特别是内侧大覆羽；

（5）最长的尾上覆羽；

（6）头顶及背部覆羽。

保持新鲜度最久的羽为：

（1）次级飞羽；

（2）内侧初级飞羽；

（3）腋羽及翼下、尾下覆羽；

（4）小翼羽（角翼）。

亚成鸟的覆羽及长的飞羽通常比后再生羽稍微尖些并窄，平均长度亦较短（但是也有例外，某些种类亚成鸟的最外侧的短初级飞羽，比年长鸟要长且宽）。通常亚成鸟的翼下覆羽生长晚，离巢后通常翅下有一些粉红色的皮肤裸露，且保持较长一段时间。

5. 胸腹部纵纹

有的幼鸟胸腹部具深色、较粗的纵纹或横纹，而成鸟的纵纹或横纹减少或变细。

6. 虹膜颜色

夏天和初秋时，幼鸟与成鸟的虹膜颜色有非常明显的区别，可以作为判别年龄的标准之一。一般来说，幼鸟的虹膜颜色较淡，全灰色或灰褐色，而成鸟的虹膜颜色较深或艳丽，为褐色或红褐色。但是也要注意，有的幼鸟虹膜的颜色会随着成熟而与成鸟相同，到了深秋和初冬时就基本上无法区别了。

在检查虹膜颜色时，用聚光小手电作为光源较为方便和实用，但必须保证电源很足，因为在弱光下，任何色彩都呈现红色，会使检查结果产生误差。

7. 喙缘

大多数的幼鸟在离巢后及数天之内，有非常大而明显的黄色喙缘；但是随着生长，这种喙缘会缩小且色泽暗淡，变成不可靠的指标。同时也要注意，许多种类的成鸟也有黄色喙缘。

8. 喙的颜色和形状

大部分鸟在离巢数周内喙还未完全长成，可根据亚成鸟与成鸟的喙的不同颜色和形状来判别某些种类的年龄。

有些鸟的上喙尖端稍具下钩且较下喙长（图5a），而其亚成鸟则稍尖，上下喙长度相同且无钩尖（图5b）。通常亚成鸟的喙的颜色较淡。

（a）成鸟　　　　　（b）1龄鸟

图5　喙

9. 跗跖部外形

亚成鸟的跗跖一般都较为松软，给人一种肉质而带点肿胀的感觉；而成鸟的跗跖质感坚硬且稍细。

10. 头骨钙化

检查头骨钙化，即头骨顶部气窗口，是雀形目辨别年龄的重要指示。

亚成鸟的头骨，表面表现出相当一致的略带粉红色或略带红色。成鸟头骨是略带白色或白略带粉红色，而两层头骨间的圆柱形骨末端会形成白色微斑点。有了这些练习，通常可以辨认型态，且如果能够找到单一层骨与完全钙化骨部分间的界线，要辨认亚成鸟是相当容易的。

检查头骨钙化的方法如下：以左手握鸟，鸟头置于拇指与食指之间，且以手指及拇指轻抓喙部（非常小的种类，则抓头的下部）固定。可以使用麦管由后方吹气或用钝头小金属片将羽毛分边，或以右手手指指尖蘸水（或唾液）将头顶羽毛分向一边（冬季天冷时不推荐此法），潮湿时羽毛分开较容易。头顶羽是沿着头部（沿体轴）成列生长，而不是横向排列，它们必须以图中所示来分开。

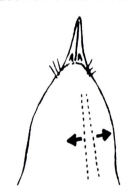

图 6　头骨顶部气窗口检查

注意：头部撞击后的鸟，头骨与皮肤之间或头骨本身受伤，导致头骨与皮肤之间充血扩布，使得成鸟看起来像亚成鸟，容易造成误判，这点必须注意。

引言 II：性别判别技术

1. 羽色

羽色是雀形目鸟类性别判别的重要特征之一。有些雀形目鸟类的雄性色泽艳丽，尤其是春季，容易判别。而一些诸如莺类则难以区分，需要加以细致的观察。

眉纹明显的鸟类，雄鸟眉纹前端颜色鲜艳，雌鸟色泽较淡。

有贯眼纹的鸟类，雄鸟眼先颜色较深、斑块较大，雌鸟眼先颜色较淡、斑块较小。

2. 依体形大小

通常情况下，雀形目鸟类两性的体形有一些差异。一些雄鸟会比雌鸟大，也有很多种类的体形差异很小。研究人员可依据它们的体形判断出一些鸟的性别，或至少可以判断那些体形大小分明的个体。

翅长是常用的指标，尾长、体长、体重及嘴基的宽度、厚度等也是非常重要的指标。

3. 喉斑底线整齐度

喉部是否有纵纹往往也是判别的一个标准。有一些鸟喉部具有黑色或红色的喉斑，其下缘线在雄鸟身上通常颜色过渡明显，而在雌鸟身上则颜色过渡平缓（图7）。

图 7　鸟的喉斑

4. 泄殖腔开口部位的形状

鸟类泄殖腔开口部位的形状也是雀形目鸟类性别判别的依据之一。雄鸟泄殖部位会发现有球根状突起的形式；雌鸟泄殖部位逐渐地向肛门尖细，且通常会在肛口本身扩张。

检查该特征时，仅推荐吹气这一种方法，这是由于泄殖部位容易受伤。

5. 孵卵斑

一般而言，繁殖期的鸟类，孵卵斑仅形成于雌鸟，但是少数种类的雄鸟孵卵时也能形成孵卵斑，雄鸟会形成"半斑"，也有极少数形成与雌鸟基本相同的斑。有些种类在繁殖时会发现鸟类孵卵的部位，羽毛可部分或完全地掉落。这可能是为了适应当时较温暖的气候，但许多雄鸟在孵卵时会有部分羽毛脱落。

对大多数的雀形目鸟类而言，在繁殖期孵卵斑可能是有用的性别分辨标准，通常在四月末或五到七月或八月份。

6. 应激行为

环志时，当鸟被人抓到手里时，雄性往往一直在挣扎、叮啄，雌性则很快就安静，山雀类尤其如此。

总之，为能准确判断雀形目鸟类性别、年龄，应采用多种标准进行判断。

C 目录
ONTENTS

鹀科 Emberizidae

黄鹂科 Oriolidae

1. 黑枕黄鹂 *Oriolus chinensis*

鉴别要点 体长 23 ~ 28 cm。体羽黄色，两翅和尾黑色。

性别判别 ♂：头和上下体羽大都金黄色。黑色贯眼纹向后延至枕部相连，形成一条围绕头顶的黑色宽带（图 1.1）。

♀：枕部黑斑较窄，胸部有细纵纹（图 1.2）。

年龄判别 **成鸟**：头顶黄色（图 1.1、图 1.2），中央尾羽黑色（图 1.4）。

1 龄鸟：上体黄绿色，下体淡绿黄色，下胸、腹中央黄白色，整个下体均具黑色羽干纹（图 1.3），中央尾羽黑灰色（图 1.5）。

图 1.3

图 1.1

图 1.2

图 1.4

图 1.5

山椒鸟科 Campephagidae

2. 灰山椒鸟 *Pericrocotus divaricatus*

鉴别要点 体长 18~21 cm。上体灰色或石板灰色，翅上具斜行白色翼斑，外侧尾羽先端白色。前额、头顶前部、颈侧和下体均白色，具黑色贯眼纹。

性别判别 ♂：头顶后部至后颈黑色（图 2.1）。

♀：头顶后部和上体均为灰色（图 2.2）。

年龄判别 **成鸟**：尾羽羽端较宽（图 2.3）。

1 龄鸟：尾羽羽端较窄（图 2.4）。

图 2.1

图 2.2

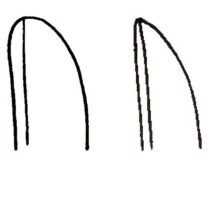

图 2.3   图 2.4

卷尾科 Dicruridae

3. 黑卷尾 *Dicrurus macrocercus*

图 3.1   图 3.2

鉴别要点　体长 24~30 cm。体羽黑色，两翅和尾黑色；尾长且呈叉状；最外侧尾羽最长，末端向外弯曲且微向上卷。

性别判别　♂：体羽蓝黑色，上体、胸具暗蓝色辉光；翅具铜绿色反光（图 3.1）。

♀：体羽黑色，上体、胸部不具暗蓝色辉光（图 3.2）。

年龄判别　成鸟：最外侧第 2 枚尾羽圆弧形，深黑色（图 3.3）。

1 龄鸟：胸、腹和两胁有灰白色杂斑，最外侧第 2 枚尾羽锐尖形，浅黑色（图 3.4）。

图 3.3   图 3.4

4. 发冠卷尾 *Dicrurus hottentottus*

鉴别要点 体长 28~35 cm。通体绒黑色，额部具发丝状羽冠，外侧尾羽末端向上卷曲。

性别判别 ♂：通体黑色具蓝绿色金属光泽，前额发丝状羽冠较长（图 4.1）。

♀：通体黑色不具金属光泽，前额发丝状羽冠较短（图 4.2）。

年龄判别 成鸟：最外侧尾羽圆弧形（图 4.3）。

1 龄鸟：最外侧尾羽尖形（图 4.4）。

图 4.2

图 4.1

图 4.3

图 4.4

王鹟科 Monarchidae

5. 寿带 *Terpsiphone incei*

鉴别要点　体长：♂ 49 cm，♀ 19 cm。嘴蓝色；头蓝黑色具明显冠羽；眼周蓝色；背部灰白色（白色型，图 5.1）或背部赤褐色（红色型，图 5.2）。

性别判别　♂：中央尾羽特长（图 5.1、图 5.2）。
　　♀：羽冠和中央尾羽短（图 5.3、图 5.4）。

年龄判别　**成鸟**：尾羽生长线不整齐（图 5.5）。
1 龄鸟：尾羽生长线比较整齐（图 5.6）。

图 5.3

图 5.1

图 5.2

图 5.5

图 5.4

图 5.6

伯劳科 Laniidae

6. 虎纹伯劳 *Lanius tigrinus*

鉴别要点　体长 16~19 cm。头顶至后颈栗灰色。上体栗棕色或栗棕红色，具细的黑色波状横纹。下体白色。

性别判别　♂：额基黑色，且与黑色贯眼纹相连（图 6.1）。

♀：前额灰色，无明显贯眼纹，两胁缀有黑褐色波状横纹（图 6.2）。

年龄判别　成鸟：尾羽生长线不整齐。

1 龄鸟：尾羽生长线比较整齐。

图 6.2

图 6.1

6

7. 牛头伯劳 *Lanius bucephalus*

鉴别要点 体长 19~23 cm。头顶至后颈栗色或栗红色，具黑色贯眼纹和白色眉纹。背、肩、腰和尾上覆羽灰色或灰褐色。中央一对尾羽灰黑色，其余尾羽灰褐色具白色端斑。两翅黑褐色，雄鸟具白色翼斑。颏、喉棕白色，其余下体浅棕色或棕色，具黑褐色波状横斑。

性别判别 ♂：眼先、眼周、颊、耳羽为黑色，翅上具白斑（图 7.1）。

♀：眼先、眼周、颊、耳羽为栗棕色；翅上无白斑或不明显；下体横纹细密（图 7.2）。

年龄判别 **成鸟**：尾羽生长线不整齐。

1 龄鸟：尾羽生长线比较整齐。

图 7.2

图 7.1

7

8. 红尾伯劳 *Lanius cristatus*

图 8.1　　　　　　　　　　　　　　图 8.2

鉴别要点　体长 18~21 cm。头顶灰色或红棕色；粗著的黑色贯眼纹从嘴基经眼直到耳后；尾上覆羽红棕色，尾羽棕褐色。

性别判别　♂：贯眼纹黑色（图 8.1）。

♀：贯眼纹黑褐色（图 8.2）。

年龄判别　成鸟：尾羽生长线不整齐（图 8.3）。

1 龄鸟：尾羽生长线比较整齐（图 8.4）。

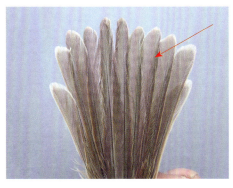 

图 8.3　　　　　　　　　　　　　　图 8.4

9. 荒漠伯劳 *Lanius isabellinus*

鉴别要点 体长 16~19 cm。雄鸟上体沙灰或灰沙褐色，额基有一窄的黑色横带，贯眼纹长而粗著，其上有一窄的白色眉纹；尾棕色，飞羽基部白色形成翅斑。

性别判别 ♂：贯眼纹黑褐色（图 9.1）。

♀：贯眼纹褐色（图 9.2）。

年龄判别 成鸟：尾羽生长线不整齐。

1 龄鸟：尾羽生长线比较整齐。

图 9.2

图 9.1

10. 灰伯劳 *Lanius borealis*

鉴别要点 　体长 24~27 cm。从头顶至背、腰等上体淡灰色，翅上有白斑，外侧尾羽白色。

性别判别 　♂：两胁灰白色；腹部白色（图 10.1）。

♀：两胁灰褐色；腹部浅灰褐色（图 10.2）。

年龄判别 　成鸟：贯眼纹黑色（图 10.1，图 10.2），尾羽羽端圆弧形（图 10.4）。

1 龄鸟：贯眼纹棕色，初级覆羽羽缘白色（图 10.3），尾羽羽端钝尖形（图 10.5）。

图 10.2

图 10.1

图 10.4

图 10.3

图 10.5

11. 楔尾伯劳 *Lanius sphenocercus*

鉴别要点　体长 25~31 cm。通体灰色，贯眼纹黑色；翅上白斑较大；中央两对尾羽黑色，最外侧 3 对尾羽白色。

性别判别　♂：上体蓝灰色，腹部白色（图11.1）。

　♀：上体褐灰色，腹部灰褐色（图 11.2）。

年龄判别　成鸟：头顶灰色，不具黑色斑纹（图 11.1，图 11.2）。

1 龄鸟：头顶灰褐色，具黑色斑纹（图11.3），尾羽羽端钝尖形（图 11.4）。

图 11.2

图 11.1

图 11.3

图 11.4

鸦科 Corvidae

12. 北噪鸦 *Perisoreus infaustus*

鉴别要点　体长 28~31 cm。背灰褐色；翅上有棕色翅斑。

性别判别　♂：翅斑锈红色（图 12.1）。

♀：翅斑锈黄色（图 12.2）。

年龄判别　成鸟：尾羽颜色较深，羽端圆弧形（图 12.3）。

1 龄鸟：尾羽颜色较浅，羽端钝尖形（图 12.4）。

图 12.1

图 12.2

图 12.3

图 12.4

13. 松鸦 *Garrulus glandarius*

鉴别要点　体长 28~35 cm。头、枕红褐色或棕褐色；尾上覆羽白色；覆羽外翈黑蓝相间横斑。

性别判别　♂：上、后眼圈黑色，黑色颊纹较长（图 13.1）。

♀：上、后眼圈非黑色，黑色颊纹较短（图 13.2）。

年龄判别　**成鸟**：最外侧大覆羽黑色横斑 12 条（图 13.3 右），尾羽深黑色（图 13.4）。

1 龄鸟：最外侧大覆羽黑色横斑 10 条（图 13.3 左），尾羽浅黑色（图 13.5）。

图 13.1

图 13.2

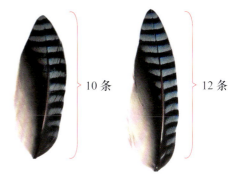

10 条　　12 条

图 13.3

图 13.4

图 13.5

14. 灰喜鹊 *Cyanopica cyanus*

鉴别要点 体长 33~40 cm。额至后颈黑色；背灰色；翅和尾羽灰蓝色（图 14.1）。

性别判别 ♂：头部光泽明显，嘴基较宽。

♀：头部光泽不明显，嘴基较窄。

年龄判别 **成鸟**：除中央尾羽外，尾羽黑蓝色（图 14.2）。

1 龄鸟：除中央尾羽外，尾羽灰蓝色（图 14.3）。

图 14.1

图 14.2

图 14.3

15. 喜鹊 *Pica serica*

图 15.1   图 15.2

鉴别要点 体长 38~48 cm。头、颈、胸和上体黑色，腹白色；翅上有大型白斑。

性别判别 ♂：喉部白色杂纹明显，头部黑色光泽明显（图 15.1）。

♀：喉部白色杂纹不明显，头部黑色光泽较差（图 15.2）。

年龄判别 成鸟：第 2、3、4、5 枚初级飞羽黑褐色羽端较小（图 15.3）。

1 龄鸟：第 2、3、4、5 枚初级飞羽黑褐色羽端较大（图 15.4）。

图 15.3   图 15.4

16. 星鸦 *Nucifraga caryocatactes*

鉴别要点 体长 30~38 cm。头顶、翅、尾黑褐色，其余体羽主要为暗棕褐色或烟褐色，满具白色斑点；尾具白色端斑（图 16.1）。

性别判别 ♂：体长：30~38 cm，翅长 17.0~20.6 cm，尾长 11.2~14.2 cm。

♀：体长：28.2~35.0 cm，翅长 17.0~21.3 cm，尾长 11.3~15.8 cm。

年龄判别 **成鸟：** 飞羽和翼覆羽辉黑色。中覆羽略带黑色，无白色羽端，或有小的白色箭形羽端；外侧大覆羽及初级覆羽有小的白色羽端（图 16.2）。最外侧 2 枚尾羽黑蓝色（图 16.4）。

1 龄鸟： 大部分的初级覆羽与小翼羽带白色羽端；内侧 2~3 枚初级飞羽及外侧 2~5 枚次级飞羽通常有白色羽端（图 16.3）。最外侧 2 枚尾羽乌黑色（图 16.5）。

图 16.1

初级飞羽内侧与次级飞羽外侧 · 中覆羽 · 初级覆羽

小白点 · 白色楔形斑 · 深黑色具光泽

图 16.2

初级飞羽内侧与次级飞羽外侧 · 中覆羽 · 初级覆羽

较大的白色羽端 · 较宽的白色羽端 · 灰褐色

图 16.3

图 16.4

图 16.5

17. 红嘴山鸦 *Pyrrhocorax pyrrhocorax*

鉴别要点　体长 36~48 cm。嘴、脚红色，通体蓝色具金属光泽。

性别判别　♂：通体黑色具金属光泽（图17.1）。

♀：通体黑色，无金属光泽（图17.2）。

年龄判别　成鸟：尾羽无灰白色羽端，宽圆形（图17.3）。

1 龄鸟：尾羽羽端灰白色，钝尖形（图17.4）。

图 17.2

图 17.1

图 17.3

图 17.4

18. 达乌里寒鸦 *Corvus dauuricus*

鉴别要点 体长 30~35 cm。背部和翅、尾羽黑色，后颈、胸、腹部白色。

性别判别 ♂：耳羽黑色，背部黑色，有金属光泽（图 18.1）。

♀：耳羽具白色杂纹，背部乌黑色，无金属光泽（图 18.2）。

年龄判别 成鸟：额、头顶、头侧、颏、喉黑色，具蓝紫色金属光泽。后头、耳羽杂有白色细纹，后颈、颈侧、上背、胸、腹灰白色或白色，其余体羽黑色具紫蓝色金属光泽。肛羽具白色羽缘（图 18.1、图 18.2）。

图 18.2

1 龄鸟：前额、头顶褐色具紫色光泽。后颈、颈侧黑褐色。背、肩、翅、尾深褐至黑褐色，领圈苍白色。下体褐色至浅褐色，各羽羽端缀白色羽缘。当年幼体在秋季换羽后直到第二年秋季换羽前全黑色。

图 18.1

19. 秃鼻乌鸦 *Corvus frugilegus*

鉴别要点 体长 41~51 cm。通体黑色；嘴基部裸露，灰白色。

性别判别 ♂：通体黑色具金属光泽（图 19.1）。

♀：通体黑色不具金属光泽（图 19.2）。

年龄判别 **成鸟**：嘴黑色，嘴基部裸露，灰白色；通体黑色，尾羽宽圆（图 19.1）。

1 龄鸟：嘴灰白色，上背黑灰色，尾羽钝尖（图 19.3）。

图 19.1

图 19.2

图 19.3

20. 小嘴乌鸦 *Corvus corone*

鉴别要点　体长 45~53 cm。通体黑色；嘴较细短，嘴峰较直、弯曲小。

性别判别　♂：耳羽、眼周、后背具光泽（图 20.1），嘴基较宽；翅长大于 33.5 cm。

♀：耳羽、眼周不具光泽，嘴基稍窄；翅长小于 30 cm。

年龄判别　成鸟：体羽具光泽（图 20.1），中央及最外侧尾羽羽缘清晰（图 20.2）；最长尾上覆羽、上背覆羽的羽端尖（图 20.3、图 20.4）。

1 龄鸟：体羽无光泽（图 20.5），中央及最外侧尾羽羽缘模糊（图 20.6）；最长尾上覆羽、上背覆羽的羽端圆（图 20.7、图 20.8）。

图 20.1　　　　　　　　　　图 20.5

中央及最外侧尾羽
图 20.2　　最长尾上覆羽　图 20.3　　上背覆羽　图 20.4

1龄鸟♂　1龄鸟(大多的雌鸟)

中央及最外侧尾羽
图 20.6　　最长尾上覆羽　图 20.7　　上背覆羽　图 20.8

成鸟（鲜见于1龄雄鸟）

21. 大嘴乌鸦 *Corvus macrorhynchos*

鉴别要点 体长45~54 cm。通体黑色；嘴粗大，嘴峰弯曲，峰嵴明显，嘴基有长羽；额较陡突。

性别判别 ♂：通体黑色具光泽（图 21.1），嘴基较宽，额头凸起明显。

♀：通体黑色无光泽（图 21.2），嘴基较窄，额头凸起不明显。

年龄判别 成鸟：尾羽有光泽（图 21.3）。

1 龄鸟：尾羽无光泽（图 21.4）。

图 21.1

图 21.2

图 21.3

图 21.4

22. 渡鸦 *Corvus corax*

鉴别要点　体长 61~71 cm。通体黑色；喉、胸羽毛长，呈刚毛状，尾呈楔形。

性别判别　♂：通体黑色具光泽（图 22.1）。

♀：通体黑色不具光泽（图 22.2）。

年龄判别　成鸟：尾羽有光泽，深黑色（图 22.3）。

1 龄鸟：尾羽无光泽，浅黑色（图 22.4）。

图 22.1

图 22.2

图 22.3

图 22.4

山雀科 Paridae

23. 煤山雀 *Periparus ater*

鉴别要点　体长 9~12 cm。头黑色，具短的黑色冠羽，后颈中央白色，颊有大块白斑。

性别判别　♂：黑色喉斑向两胁过渡的部位边缘清晰（图 23.1）。

♀：黑色喉斑向两胁过渡的部位边缘模糊（图 23.2）。

年龄判别　成鸟：尾羽生长线不整齐，羽端圆弧形（图 23.3）。

1 龄鸟：尾羽生长线比较整齐，羽端锐尖形（图 23.4）。

图 23.1

图 23.2

图 23.3

图 23.4

24. 黄腹山雀 *Pardaliparus venustulus*

鉴别要点　体长 9~11 cm。脸颊和后颈各具 1 白斑；胸、腹部黄色。

性别判别　♂：具黑色喉斑（图 24.1）。

♀：黑色头顶，喉黄色（图 24.2）。

年龄判别　成鸟：尾羽黑色，较宽；尾羽端斑浅黄色（图 24.3）。

1 龄鸟：尾羽灰黑色，较窄；尾羽端斑黄白色（图 24.4）。雄鸟黑色喉斑杂有黄白色纵纹（图 24.5）；雌鸟头顶灰色，喉黄白色（图 24.6）。

图 24.1

图 24.2

图 24.3

图 24.4

图 24.5

图 24.6

25. 杂色山雀 *Sittiparus varius*

鉴别要点　体长 12~14 cm。头顶和后颈黑色；枕和后颈中央有 1 白色纵斑；前额、脸颊、耳羽乳黄色。

性别判别　♂：两颊黄白色（图 25.1）。

　　　　　　♀：两颊深黄色（图 25.2）。

年龄判别　成鸟：中央尾羽端部钝尖形。

1 龄鸟：前额、两颊黄白色（图 25.3）；中央尾羽端部尖形。

图 25.2

图 25.1

图 25.3

26. 沼泽山雀 *Poecile palustris*

鉴别要点 体长 10~13 cm。前额、头顶、后颈黑色；颏、喉黑色；嘴基有白斑；黑色后颈如同马尾辫状（图 26.1）。

性别判别 ♂：抓到手里不停地挣扎、叨啄；黑色喉斑边缘清晰（图 26.2）。

♀：抓到手里不久便不再挣扎、叨啄；黑色喉斑边缘模糊（图 26.3）。

年龄判别 成鸟：中央尾羽端部钝尖形，尾羽生长线不明显（图 26.4）。

1 龄鸟：中央尾羽端部尖形，尾羽生长线明显（图 26.5）。

图 26.1

图 26.2

图 26.3

图 26.4

图 26.5

27. 褐头山雀 *Poecile montanus*

鉴别要点　体长 11~13 cm。额、头顶至后颈黑色；脸颊、耳羽、颈侧白色；嘴基无白斑；嘴峰弧度小，显得嘴细长；黑色后颈如同披肩发状（图 27.1）。

性别判别　♂：抓到手里不停地挣扎、叩啄；黑色喉斑边缘清晰（图 27.2）。

　　♀：抓到手里不久便不再挣扎、叩啄；黑色喉斑边缘模糊（图 27.3）。

年龄判别　成鸟：中央尾羽端部钝尖形（图 27.4）。

1 龄鸟：中央尾羽端部尖形（图 27.5）。

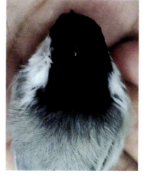

图 27.1

图 27.2

图 27.3

图 27.4

图 27.5

28. 灰蓝山雀 *Cyanistes cyanus*

图 28.1

图 28.2

鉴别要点 体长 11~14 cm。头顶浅灰色或蓝白色；后颈具 1 黑色领环与蓝黑色贯眼纹相连。

性别判别 ♂：贯眼纹黑色；背蓝色（图 28.1）。

♀：贯眼纹灰黑色，较细；背灰蓝色（图 28.2）。

年龄判别 成鸟：中央尾羽端部钝尖形（图 28.3）。

1 龄鸟：中央尾羽端部尖形，且磨损严重（图 28.4）。

图 28.3

图 28.4

29. 欧亚大山雀 *Parus major*

鉴别要点　体长 13~15 cm。头黑色，脸颊具白斑；上体蓝灰色，下体黄色；胸、腹有一条中央纵纹。

性别判别　♂：中腹线在腹部为大块黑斑（图 29.1）。

♀：中腹线在腹部为黑色线条状（图 29.2）。

年龄判别　成鸟：中央尾羽端部钝尖形。

1 龄鸟：中央尾羽端部锐尖形。

图 29.1

图 29.2

30. 大山雀 *Parus minor*

鉴别要点　体长 13~15 cm。头黑色，脸颊具白斑；上体蓝灰色，下体白色；胸、腹有一条中央纵纹。

性别判别　♂：中腹线在腹部为大块黑斑（图 30.1）。

♀：中腹线在腹部为黑色线条状（图 30.2）。

年龄判别　成鸟：最外侧尾羽白色，最外侧第 2 枚尾羽外翈白色，中央尾羽灰蓝色（图 30.3）。

1 龄鸟：最外侧尾羽乌白色，最外侧第 2 枚尾羽端部外翈白色，中央尾羽浅黑色（图 30.4）。

图 30.1

图 30.2

图 30.3

图 30.4

攀雀科 Remizidae

31. 中华攀雀 *Remiz consobrinus*

鉴别要点 体长 10~11 cm。体羽黄色，前额、眼先经眼一直到耳羽形成一宽的黑色带斑。

性别判别 ♂：头顶灰色，贯眼纹黑色（图 31.1）。

♀：头顶灰褐色，贯眼纹棕栗色（图 31.2）。

年龄判别 **成鸟：**尾羽生长线不整齐，中央尾羽端部钝尖形（图 31.3）。

1 龄鸟：尾羽生长线比较整齐，中央尾羽端部锐尖形（图 31.4）。

图 31. 1   图 31. 2

图 31. 3   图 31. 4

31

百灵科 Alaudidae

32. 云雀 *Alauda arvensis*

鉴别要点 体长 15~19 cm。有短冠羽；最外侧 1 对尾羽白色。

性别判别 ♂：眼后白斑明显，深红棕色耳羽外缘较宽，冠羽明显（图 32.1）。

♀：眼后白斑不明显，红棕色耳羽外缘较窄，外围白色，冠羽不明显（图 32.2）。

年龄判别 成鸟：尾端钝尖形（图 32.3）。

1 龄鸟：尾端锐尖形（图 32.4）。

图 32.2

图 32.1

图 32.3

图 32.4

33. 凤头百灵 *Galerida cristata*

鉴别要点　体长 16~19 cm。上体沙棕褐色具黑褐色羽干纹，头具羽冠。下体皮黄白色，胸密杂以黑褐色纵纹。

性别判别　♂：冠羽直立，胸部斑纹不粗著，有褐色贯眼纹（图 33.1）。

♀：冠羽不直立，胸部斑纹粗著，贯眼纹不明显（图 33.2）。

年龄判别　成鸟：尾羽羽端钝尖形（图 33.3）。

1 龄鸟：尾羽羽端锐尖形（图 33.4）。

图 33.2

图 33.1

图 33.3

图 33.4

34. 角百灵 *Eremophila alpestris*

鉴别要点　体长 15~19 cm。前额白色，其后有一黑色带斑；黑色带斑两侧长羽呈角状。

性别判别　♂："角"长而明显，胸部黑色横带亦较宽，喉土黄色（图 34.1）。

♀："角"短或不明显，胸部黑色横带亦较窄小，喉黄白色（图 34.2）。

年龄判别　成鸟：嘴铅灰色，中央尾羽羽端钝尖形（图 34.3）。

1 龄鸟：嘴黄色，中央尾羽羽端锐尖形（图 34.4）。

图 34.1

图 34.2

图 34.3

图 34.4

35. 蒙古百灵 *Melanocorypha mongolica*

鉴别要点　体长 17~22 cm。头顶中部棕黄色，四周栗红色；上胸具黑色环斑。

性别判别　♂：上胸具黑色环斑（图 35.1）。

♀：上胸具黑色环斑中间不连接（图 35.2）。

年龄判别　成鸟：中央尾羽羽端钝尖形，最外侧尾羽白色（图 35.3）。

1 龄鸟：中央尾羽羽端锐尖形，最外侧尾羽灰白色（图 35.4）。

图 35.2

图 35.1

图 35.3

图 35.4

36. 短趾百灵 *Alaudala cheleensis*

鉴别要点 体长 14~17 cm。上体沙棕褐色，满具黑色纵纹，有短的淡棕白色眉纹，外侧尾羽白色，下体皮黄白色或淡皮黄色，初级飞羽突出明显，胸部纵纹不密集。嘴黄褐色，端部近黑色，脚肉色。

性别判别 ♂：眼圈略凸起，颊纹不明显（图 36.1）。

♀：眼圈不凸起，颊纹明显（图 36.2）。

年龄判别 成鸟：尾端钝尖形。

1 龄鸟：尾端锐尖形。

图 36.2

图 36.1

文须雀科 Panuridae

37. 文须雀 *Panurus biarmicus*

鉴别要点　体长 15~18 cm。嘴橘黄色，上体棕黄色。

性别判别　♂：头灰色，眼先、眼周黑色，与黑色髭纹连接（图 37）。

♀：头灰棕色，没有黑色髭纹（图 37）。

年龄判别　**成鸟**：尾羽生长线不整齐。

1 龄鸟：尾羽生长线比较整齐。

图 37

苇莺科 Acrocephalidae

38. 东方大苇莺 *Acrocephalus orientalis*

鉴别要点 体长 16~19 cm。上体橄榄棕褐色；眉纹淡黄色；下体污白色，胸微具灰褐色纵纹；第 2 枚初级飞羽长度长于第 4 枚，短于第 3 枚。

性别判别 ♂：贯眼纹黑褐色，眼先黑褐色明显（图 38.1）。

♀：贯眼纹褐色，眼先褐色不明显（图 38.2）。

年龄判别 成鸟：尾羽颜色较深，尾羽生长线不齐。

1 龄鸟：羽色较成鸟偏黄（图 38.3）；尾羽具黄白色羽端，尾羽生长线比较齐。

图 38.3

图 38.1

图 38.2

39. 黑眉苇莺 *Acrocephalus bistrigiceps*

鉴别要点 体长 12~13 cm。眉纹皮黄色，其上有粗著的黑纹像眉纹一样；下体白色；两胁和尾下覆羽皮黄色。

性别判别 ♂：贯眼纹黑褐色，眼先黑褐色较明显（图 39.1）。

♀：贯眼纹褐色，眼先褐色较小（图 39.2）。

年龄判别 成鸟：眉纹黄白色；尾羽颜色较深，尾羽生长线不齐。

1 龄鸟：眉纹黄绿色；贯眼纹灰褐色；尾羽颜色较浅，尾羽生长线比较齐。

图 39.1   图 39.2

40. 远东苇莺 *Acrocephalus tangorum*

鉴别要点 体长 14 cm。胸、两胁及尾下覆羽沾棕色；白色眉纹上方有黑棕色条纹。

性别判别 ♂：眉纹白色，两胁颜色较浅（图 40.1）。

♀：眉纹黄白色，两胁颜色较深（图 40.2）。

年龄判别 成鸟：尾羽生长线不齐。

1 龄鸟：尾羽生长线比较齐。

图 40.2

图 40.1

41. 厚嘴苇莺 *Arundinax aedon*

鉴别要点　体长 18~20 cm。上体橄榄棕褐色，嘴短粗；颏、喉白色，其余下体皮黄色。

性别判别　♂：颈部与上体侧交叉部位两侧羽毛颜色分明（图 41.1）。

♀：颈部与上体侧交叉部位两侧羽毛颜色变化平缓（图 41.2）。

年龄判别　**成鸟**：尾羽颜色较深，尾羽羽端圆弧形（图 41.3）。

1 龄鸟：尾羽具黄白色羽端，尾羽羽端锐尖形（图 41.4）。

图 41.2

图 41.1

图 41.3

图 41.4

蝗莺科 Locustellidae

42. 苍眉蝗莺 *Helopsaltes fasciolatus*

鉴别要点　体长 17~18 cm。头顶至后颈暗橄榄褐色，眉纹灰白色，颏、喉和腹中部白色，胸灰色；两胁和尾下覆羽皮黄色或橄榄褐色。

性别判别　♂：眉纹苍白。颏和喉灰白色；胸部暗灰色；腹中央白而沾黄褐色，两胁呈橄榄褐色（图 42.1）。

♀：眉纹苍白。颏和喉黄白色；胸部黄白色，具棕褐色羽干纹（图 42.2）。

年龄判别　成鸟：眉纹白色；腹部白色；尾羽颜色较深，尾羽生长线不齐，无白色尾端（图 42.3）。

1 龄鸟：眉纹灰白色；腹部皮黄色；尾羽颜色较浅，尾羽生长线比较齐，尾端白色（图 42.4）。

图 42.1

图 42.2

图 42.3

图 42.4

43. 斑背大尾莺 *Helopsaltes pryeri*

鉴别要点 体长 13~14 cm。上体淡皮黄褐色具黑色纵纹；眉纹白色；下体白色；两胁和尾下覆羽淡皮黄色。

性别判别 ♂：体色较深（图 43.1）。

♀：体色较浅（图 43.2）。

年龄判别 成鸟：尾羽颜色较深，羽干黑褐色较宽（图 43.3）。

1 龄鸟：尾羽颜色较浅，羽干浅褐色（图 43.4）。

图 43.1

图 43.2

图 43.3

图 43.4

44. 小蝗莺 *Helopsaltes certhiola*

鉴别要点　体长 14~16 cm。上体橄榄褐色或棕土褐色；头顶、背、肩具粗著的黑色纵纹；眉纹白色；尾呈凸状，具黑色次端斑和白色端斑；下体白色，胸、两胁和尾下覆羽皮黄橄榄褐色。

性别判别　♂：胸部斑纹明显（图 44.1）。

♀：胸部斑纹不甚清晰（图 44.2）。

年龄判别　成鸟：尾羽颜色较深，尾羽羽端圆弧形（图 44.3）。

1 龄鸟：尾羽颜色较浅，尾羽羽端锐尖形（图 44.4）。

图 44.1

图 44.2

图 44.3

图 44.4

45.矛斑蝗莺 *Locustella lanceolata*

鉴别要点 体长 11~14 cm。上体橄榄褐色布满粗著的黑色纵纹；眉纹淡黄色细而不明显；下体乳白色具黑色纵纹。

性别判别 ♂：头顶黑色纵纹较浓，具明显的黑褐色贯眼纹（图 45.1）。

♀：头顶灰黑色纵纹较淡，贯眼纹浅褐色（图 45.2）。

年龄判别 **成鸟**：尾羽颜色较深，尾羽生长线不齐（图 45.3）。

1 龄鸟：尾羽颜色较浅，尾羽生长线比较齐（图 45.4）。

图 45.1

图 45.2

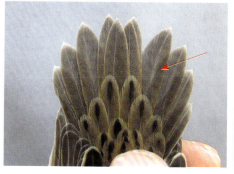

图 45.3

图 45.4

46. 北短翅蝗莺 *Locustella davidi*

鉴别要点 体长 12~14 cm。上体大多深褐色，头顶、脸颊和颈侧羽色与上体无明显差异，眉纹灰白色，上喙黑色，下喙几乎为浅黄色，虹膜褐色，颏、喉部白色，胸部灰白色隐约可见黑色细纹，两胁褐色较上体稍浅，下胸至腹部污白色，尾羽深褐色，尾下覆羽污白色具模糊的黑色横带，脚粉色。

性别判别 ♂：两胁深褐色（图46.1）。

♀：两胁浅棕色杂有灰白色（图46.2）。

年龄判别 成鸟：尾羽颜色较深，尾羽羽端圆弧形。

1龄鸟：尾羽具黄白色羽端，尾羽羽端锐尖形。

图 46.2

图 46.1

燕科 Hirundinidae

47. 崖沙燕 *Riparia riparia*

鉴别要点　体长 11~15 cm。上体灰褐色或沙灰色；下体白色；胸部有一宽的灰褐色胸带；尾呈浅叉状。

性别判别　♂：眼先斑黑色较深；喉部白色（图 47.1）。

♀：眼先斑黑棕色，稍浅；喉部灰白色（图 47.2）。

年龄判别　**成鸟**：三级飞羽、背覆羽、腰羽的羽缘皆为灰褐色且有磨损，胸部有 T 字形暗褐色斑（图 47.3）。

1 龄鸟：三级飞羽、背覆羽、腰羽，有新鲜的皮黄棕色羽端。背部具较宽的淡色羽缘，颏和喉黄褐色（图 47.4）。

图 47.1

图 47.2

图 47.3

图 47.4

48. 家燕 *Hirundo rustica*

鉴别要点　体长 15~19 cm。上体蓝黑色而富有光泽；颏、喉和上胸栗色；下胸和腹白色；尾呈深叉状。

性别判别　♂：最外侧尾羽长而窄，长度约是雌性的 1.5 倍（图 48 左）。

♀：最外侧尾羽短（图 48 右）。

年龄判别　**成鸟**：最外侧尾羽较长，额、喉深栗色（图 48）。

1 龄鸟：最外侧尾羽较短，额、喉淡的栗略带粉红色。

图 48

49. 毛脚燕 *Delichon urbicum*

鉴别要点 体长 13~15 cm。上体深蓝黑色而富有光泽；下体和腰白色；跗跖和趾被白色绒羽；尾呈叉状。

性别判别 ♂：喉部洁白；两胁无斑纹（图 49.1 右）。

♀：喉部污白；两胁有斑纹（图 49.1 中、图 49.2）。

年龄判别 **成鸟：**三级飞羽有不清晰的白色羽端，或整片黑色。喙黑色。头顶，甚至连磨损时都有些许具光泽的微蓝色。尾羽深黑色（图 49.3）。

1 龄鸟：三级飞羽有宽的白色羽缘。下喙基部略带黄色。头顶黑略带灰色，无光泽。喉污褐灰色，胸是污褐灰色。尾羽灰黑色（图 49.4）。

图 49.2

图 49.1

图 49.3

图 49.4

50. 烟腹毛脚燕 *Delichon dasypus*

鉴别要点　体长 12~13 cm。上体蓝黑色具金属光泽，腰白色。尾呈叉状。下体烟灰白色，跗和趾被白色绒羽。

性别判别　♂：两胁颜色较浅（图 50.1、图 50.2）。

　　♀：两胁颜色较深（图 50.3）。

年龄判别　成鸟：尾羽生长线不整齐。

1 龄鸟：尾羽生长线较整齐。

图 50.1

图 50.2

图 50.3

51. 金腰燕 *Cecropis daurica*

鉴别要点　体长 16~20 cm。上体蓝黑色而具金属光泽；腰有棕栗色横带；下体白色具黑色纵纹；尾长，呈深叉状。

性别判别　♂：最外侧尾羽长而窄，长度约是雌性的 1.5 倍（图 51.1）。

♀：最外侧尾羽短（图 51.2）。

年龄判别　**成鸟**：最外侧尾羽较长，耳羽锈棕色（图 51.1、图 51.2）。

1 龄鸟：最外侧尾羽较短，耳羽浅棕色。

图 51.1

图 51.2

鹎科 Pycnonotidae

52. 白头鹎 *Pycnonotus sinensis*

鉴别要点 体长 17~22 cm。额至头顶黑色；两眼上方至后枕白色，形成一白色枕环；耳羽后部有一白斑；腹白色具黄绿色纵纹。

性别判别 ♂：胸部锈褐色（图 52.1）。

♀：胸部灰色（图 52.2）。

年龄判别 成鸟：尾羽羽端圆弧形（图 52.3）。

1 龄鸟：尾羽端部钝尖，磨损严重（图 52.4）。

图 52.1   图 52.2

图 52.3   图 52.4

53. 栗耳短脚鹎 *Hypsipetes amaurotis*

鉴别要点 体长 27~28 cm。头顶微具羽冠；头顶至后枕灰色，耳羽栗色。

性别判别 ♂：栗色耳羽月牙形，胸腹部杂斑颜色较浅（图 53.1）。

♀：栗色耳羽不呈月牙形，胸腹部杂斑颜色较深（图 53.2）。

年龄判别 成鸟：外侧尾羽外翈白色（图 53.3）。

1 龄鸟：外侧尾羽外翈黑灰色（图 53.4）。

图 53.1   图 53.2

图 53.3   图 53.4

53

柳莺科 Phylloscopidae

54. 黄眉柳莺 *Phylloscopus inornatus*

鉴别要点 体长 9~11 cm。上体橄榄绿色；翼上具有两条黄白色横斑；眉纹黄白色，贯眼纹黑褐色。头顶有一黄绿色不明显的中央线。

图 54.1

图 54.2

性别判别 ♂：嘴暗褐色，下嘴基部黄色。颏和喉白色；下体余部白而沾黄绿色；翼长 5.5~6.0 cm，尾长 4.0~4.4 cm（图 54.1）。

♀：翼长 5.1~5.6 cm，尾长 3.6~4.1 cm（图 54.2）。

年龄判别 **成鸟**：尾羽颜色较深，尾羽生长线不齐，尾端钝尖形（图 54.3）。

1 龄鸟：尾羽颜色较浅，尾羽生长线比较齐，尾端锐尖形（图 54.4）。

图 54.3

图 54.4

55. 黄腰柳莺 *Phylloscopus proregulus*

图 55.1　　　　　　　　　　　　　　　图 55.2

鉴别要点　体长 8~11 cm。上体橄榄绿色；具中央冠纹，眉纹鲜黄色或黄白色，腰羽黄色或黄白色；翅上有 2 道黄白色翼斑。

性别判别　♂：腰部黄色；头顶中央冠纹黄色较深；春季眉纹前端鲜黄色（图 55.1）。

♀：腰部黄白色；头顶中央冠纹黄色较浅；春季眉纹前端黄白色（图 55.2）。

年龄判别　成鸟：尾端钝尖形，尾羽生长线不齐（图 55.3）。

1 龄鸟：亚成鸟的头顶中央线和翼斑较成鸟的宽而明显；尾端尖形，尾羽生长线比较齐（图 55.4）。

图 55.3　　　　　　　　　　　　　　　图 55.4

56. 棕眉柳莺 *Phylloscopus armandii*

鉴别要点 体长 11~13 cm。上体橄榄褐色；眉纹棕白色；贯眼纹暗褐色，两翅和尾羽黑褐色；下体黄白色具黄绿色纵纹。

性别判别 ♂：两颊土黄色，贯眼纹黑褐色（图 56.1）。

♀：两颊褐色，贯眼纹褐色（图 56.2）。

年龄判别 成鸟：尾羽颜色较深，尾羽生长线不齐（图 56.3）。

1 龄鸟：尾羽颜色较浅、半透明，尾羽生长线比较齐（图 56.4）。

图 56. 1   图 56. 2

图 56. 3   图 56. 4

57. 巨嘴柳莺 *Phylloscopus schwarzi*

鉴别要点　体长 11~14 cm。上体橄榄褐色；腰沾黄橄榄色；眉纹皮黄白色长而显著；贯眼纹黑褐色；下体黄白色；嘴较粗厚。

性别判别　♂：眼先褐斑较大，黑褐色（图 57.1）。

　　♀：眼先褐斑较小，褐色（图 57.2）。

年龄判别　成鸟：尾羽生长线不齐，尾端钝尖形（图 57.3）。

1 龄鸟：尾羽生长线比较齐，尾端尖形（图 57.4）。

图 57.1

图 57.2

图 57.3

图 57.4

58.黄腹柳莺 *Phylloscopus affinis*

鉴别要点 体长10~11 cm。上体橄榄绿色；贯眼纹黑色；眉纹黄色；下体草黄色。

性别判别 ♂：眼先褐斑较大，眉纹颜色较深，腹部黄绿色（图58.1）。

♀：眼先褐斑较小，眉纹颜色较淡，腹部黄灰色（图58.2）。

年龄判别 成鸟：尾羽颜色较深，尾羽生长线不齐，尾端圆弧形。

1龄鸟：尾羽颜色较浅，尾羽生长线比较齐，尾端钝尖形。

图 58.2

图 58.1

59. 褐柳莺 *Phylloscopus fuscatus*

鉴别要点 体长 11~12 cm。上体橄榄褐色；眉纹黄白色；贯眼纹暗褐色；颏、喉白色，其余下体皮黄白色沾褐，以两胁和胸较为明显；第 2 枚初级飞羽的长度介于第 9 枚初级飞羽和第 10 枚初级飞羽之间。

性别判别 ♂：眼先褐斑较大，眉纹颜色较深（图 59.1）。

♀：眼先褐斑较小，眉纹颜色较淡（图 59.2）。

年龄判别 成鸟：尾羽颜色较深，尾羽生长线不齐，尾端圆弧形（图 59.3）。

1 龄鸟：尾羽颜色较浅、半透明，尾羽生长线比较齐，尾端钝尖形（图 59.4）。

图 59.1

图 59.2

图 59.3

图 59.4

60. 冕柳莺 *Phylloscopus coronatus*

图 60.1　　　　　　　　　　　　　　图 60.2

鉴别要点　体长 11~12 cm。上体橄榄绿色，头顶具一道较宽的淡黄绿色冠纹；翅上有一道淡黄绿色翅斑。

性别判别　♂：灰白色中央冠纹较宽，眉纹前半部分沾黄色；贯眼纹暗褐色（图 60.1）。

♀：灰色中央冠纹略窄，眉纹前半部分灰白色；贯眼纹浅褐色（图 60.2）。

年龄判别　成鸟：第 2、3 枚初级飞羽羽端钝尖形（图 60.3），尾羽生长线不齐（图 60.5）。

1 龄鸟：第 2、3 枚初级飞羽羽端锐尖形（图 60.4），尾羽生长线比较齐（图 60.6）。

图 60.3　　　　　　　　　　　　　　图 60.4

图 60.5　　　　　　　　　　　　　　图 60.6

61. 双斑绿柳莺 *Phylloscopus plumbeitarsus*

图 61.1   图 61.2

鉴别要点　体长 11~12 cm。上体橄榄绿色；眉纹黄白色；贯眼纹暗橄榄绿色；翅上具 2 道明显的白色或黄白色翅斑；下体白色沾黄。

性别判别　♂：贯眼纹褐色，眼先褐斑较大。下体白色沾黄，两侧和尾下覆羽黄色更浓（图 61.1）。

　♀：贯眼纹淡褐色，眼先褐斑较小。下体灰白色，两侧和尾下覆羽灰白（图 61.2）。

年龄判别　**成鸟**：初级飞羽钝尖形（图 61.3），尾羽生长线不齐。

1 龄鸟：初级飞羽尖形（图 61.4），尾羽生长线比较齐。

图 61.3   图 61.4

62. 淡脚柳莺 *Phylloscopus tenellipes*

图 62.1

图 62.2

鉴别要点 体长 11~12 cm。上体橄榄褐色；腰沾锈色；眉纹黄白色；翅褐色，翅上有 2 道黄白色翅斑（有时前道翅斑不明显）；下体黄白色，有丝绸光泽；两胁沾黄褐色。

性别判别 ♂：贯眼纹深褐色。两颊灰斑较多，眉纹前端黄白色；腹部乳白色，具光泽（图 62.1）。

♀：贯眼纹淡褐色。两颊灰斑较少，眉纹前端浅黄白色；腹部乳白色，光泽较差（图 62.2）。

年龄判别 成鸟：初级飞羽端部钝尖形（图 62.3），尾羽羽缘钝尖形（图 62.5）。

1 龄鸟：初级飞羽端部尖形（图 62.4），尾羽羽缘尖形（图 62.6）。

图 62.3

图 62.4

图 62.5

图 62.6

63. 极北柳莺 *Phylloscopus borealis*

鉴别要点 体长 11~13 cm。上体橄榄灰绿色；眉纹黄白色，长而显著；贯眼纹暗褐色，翅上仅有 1 道窄的黄白色翅斑；下体白色微沾黄绿色。

性别判别 ♂：雄鸟的翅长多数大于 6.6 cm；喉部白色。胸部沾灰，腹部白色略沾黄（图 63.1）。

♀：雌鸟的翅长多数小于 6.3 cm；喉部灰白色。胸部灰黄色，腹部灰黄色（图 63.2）。

年龄判别 **成鸟**：初级飞羽钝尖形（图 63.3），尾羽生长线不齐（图 63.5）。

1 龄鸟：初级飞羽尖形（图 63.4），尾羽生长线比较齐（图 63.6）。

图 63. 1 图 63. 2

图 63. 3 图 63. 4

图 63. 5 图 63. 6

64. 栗头鹟莺 *Phylloscopus castaniceps*

鉴别要点 体长 9~10 cm。头顶栗色；头顶两侧各有一黑栗色侧冠纹；眼周白色；头侧灰色；背、肩黄绿色；腰鲜黄色；翅上具 2 道黄色翅斑。

性别判别 ♂：头顶栗红色（图 64.1）。

♀：头顶浅棕色（图 64.2）。

年龄判别 **成鸟**：初级飞羽钝尖形，尾羽生长线不齐。

1 龄鸟：初级飞羽尖形（图 64.3），尾羽生长线比较齐。

图 64.3

图 64.1

图 64.2

树莺科 Scotocercidae

65. 远东树莺 *Horornis canturians*

鉴别要点 体长 15~18 cm。头顶近棕红色。通体棕色。皮黄色的眉纹显著，眼纹深褐，无翼斑或顶纹。

性别判别 ♂：贯眼纹黑褐色。颊、喉及胸腹中央污白色沾褐，两侧褐色（图 65.1）。

♀：贯眼纹褐色，不明显。颊、喉及胸腹中央污白色沾褐，两侧褐色，体色较淡（图 65.2）。

年龄判别 成鸟：尾羽颜色较深，尾羽生长线不齐。

1 龄鸟：尾羽颜色较浅，尾羽生长线比较齐。

图 65.2

图 65.1

65

66.鳞头树莺 *Urosphena squameiceps*

鉴别要点 体长 8~10 cm。上体棕褐色；顶冠具鳞状斑纹；皮黄色眉纹延伸至后颈；下体白色。

性别判别 ♂：贯眼纹黑褐色。颏、喉及胸腹中央污白色沾褐，两侧褐色（图 66.1）。

♀：贯眼纹褐色。颏、喉及胸腹中央污白色沾褐，两侧褐色，体色较淡（图 66.2）。

年龄判别 **成鸟**：尾羽颜色较深，尾羽生长线不齐。

1龄鸟：尾羽颜色较浅（图 66.3），尾羽生长线比较齐。

图 66.1

图 66.2

图 66.3

长尾山雀科 Aegithalidae

67. 北长尾山雀 *Aegithalos caudatus*

鉴别要点　体长 14 cm。嘴短而粗厚；尾细长呈凸状；外侧尾羽具楔状白斑（图 67.1）。

性别判别　♂：抓到手里不停地挣扎、叨啄。

　　　　　　♀：抓到手里不久便不再挣扎、叨啄。

年龄判别　**成鸟**：第 5、6 枚初级飞羽外缘缺刻明显（图 67.2）。

1 龄鸟：第 5、6 枚初级飞羽外缘几乎看不到缺刻（图 67.3）。

图 67.1

图 67.2　　　　　　　　　　　　　图 67.3

鸦雀科 Paradoxornithidae

68. 山鹛 *Rhopophilus pekinensis*

鉴别要点　体长 16~17 cm。尾长且具褐色纵纹。眉纹偏灰，髭纹近黑。上体烟褐色而密布近黑色纵纹。外侧尾羽羽缘白色。颏、喉及胸白。下体余部白，两胁及腹部具醒目的栗色纵纹，有时沾黄褐。

性别判别　♂：喉白色，眼先黑色（图 68.1）。

♀：喉污白色，眼先无黑色（图 68.2）。

年龄判别　成鸟：外侧尾羽羽端圆弧形。

1 龄鸟：外侧尾羽羽端锐尖形。

图 68.2

图 68.1

69. 棕头鸦雀 *Sinosuthora webbiana*

鉴别要点 体长 11~13 cm。嘴短粗而厚，似鹦鹉嘴；头红棕色；上体橄榄褐色。

性别判别 ♂：头红棕色（图 69.1）。

♀：头棕色（图 69.2）。

年龄判别 成鸟：尾羽深褐色（图 69.3）。

1 龄鸟：尾羽浅褐色（图 69.4）。

图 69.2

图 69.1

图 69.3

图 69.4

70. 震旦鸦雀 *Paradoxornis heudei*

鉴别要点　体长 15~18 cm。嘴粗厚而短，黄色，似鹦鹉嘴；头顶至枕灰色；眉纹黑色长而宽阔，自眼上方延伸至后颈。

性别判别　♂：两胁棕红色（图 70.1）。

♀：两胁棕黄色（图 70.2）。

年龄判别　成鸟：外侧尾羽羽端圆弧形（图 70.3）。

1 龄鸟：外侧尾羽羽端锐尖形（图 70.4）。

图 70.1

图 70.2

图 70.3

图 70.4

绣眼鸟科 Zosteropidae

71. 红胁绣眼鸟 *Zosterops erythropleurus*

图 71.1　　　　　　　　　　　　　　　图 71.2

鉴别要点　体长 10~12 cm。上体黄绿色；眼周白色；下体白色，两胁栗红色。

性别判别　♂：眼先黑斑较深；胁部栗红色较浓（图 71.1）。

♀：眼先黑斑较浅；胁部栗红色较淡（图 71.2）。

年龄判别　**成鸟**：虹膜颜色较深，上嘴褐色（图 71.3 上），初级飞羽端部钝尖形（图 71.4），外侧尾羽端部钝尖形（图 71.6）。

1 龄鸟：虹膜颜色较浅，上嘴浅褐色（图 71.3 下），初级飞羽端部尖形（图 71.5），外侧尾羽端部锐尖形（图 71.7）。

图 71.3

 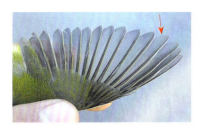

图 71.4　　　　　　　　　　　　　　　图 71.5

图 71.6　　　　　　　　　　　　　　　图 71.7

旋木雀科 Certhiidae

72. 欧亚旋木雀 *Certhia familiaris*

鉴别要点 体长 12~15 cm。嘴长而下曲；上体棕褐色具白色纵纹；下体白色。

性别判别 ♂：耳羽棕色斑块大且明显（图 72.1）。

♀：耳羽棕色斑块较小，色杂（图 72.2）。

年龄判别 成鸟：羽色较浅，尾羽生长线不齐（图 72.3）。

1 龄鸟：羽色较深，尾羽生长线比较齐（图 72.4）。

图 72. 1

图 72. 2

图 72. 3

图 72. 4

鸭科 Sittidae

73. 普通鸭 *Sitta europaea*

鉴别要点 体长 10~15 cm。上体灰蓝色；黑色贯眼纹从嘴基经眼一直延伸到肩部；尾下覆羽白色具栗色羽缘；颏、喉、胸部白色，腹部、两胁淡棕色。

性别判别 ♂：胸部、喉部白色；两胁和尾下栗红色（图 73.1）。

♀：胸部、喉部浅灰色；两胁和尾下淡栗红色（图 73.2）。

图 73.2

年龄判别 **成鸟**：尾羽颜色较深，尾羽生长线不齐，灰色尾端较窄（图 73.3）。

1 龄鸟：尾羽颜色较浅，尾羽生长线比较齐，灰色尾端较宽（图 73.4）。

图 73.1

图 73.3

图 73.4

74. 黑头鸸 *Sitta villosa*

鉴别要点　体长 10~12 cm。头顶黑色；上体石板灰蓝色具白色或皮黄白色眉纹和污黑色贯眼纹；下体灰棕色或棕黄色；体侧无栗色。

性别判别　♂：头顶黑色；胸腹部棕褐色（图 74.1）。

♀：头顶灰黑色；胸腹部浅棕褐色具杂斑（图 74.2）。

年龄判别　成鸟：尾羽不具浅色羽缘。

1 龄鸟：尾羽具浅色羽缘，外侧尾羽羽端灰白色（图 74.3）。

图 74.1

图 74.2

图 74.3

75. 红翅旋壁雀 *Tichodroma muraria*

鉴别要点　体长 12~17 cm。嘴细长而微向下弯；上体灰色；中覆羽、小覆羽胭红色；初级覆羽和外侧大覆羽外翈胭红色；飞羽黑色有大的白斑。

性别判别　♂：头顶黄灰色（图 75.1）。

♀：头顶灰色（图 75.2）。

年龄判别　成鸟：尾羽生长线不齐，中央尾端灰白色较窄，外侧尾羽白色端斑较大（图 75.3）。

1 龄鸟：尾羽生长线比较齐，中央尾端灰色较宽，外侧尾羽白色端斑较小（图 75.4）。

图 75.1

图 75.2

图 75.3

图 75.4

鹪鹩科 Troglodytidae

76. 鹪鹩 *Troglodytes troglodytes*

鉴别要点 体长 9~11 cm。尾短小，常垂直向上；体羽褐或暗棕褐色，满布黑色细横纹。

性别判别 ♂：孵卵斑常不规则地分布着略带灰色的绒羽（图76.1）（数量平均为雌鸟的10~30倍）。腹部膨起较少，通常因皮下脂肪而成为淡色。

♀：孵卵斑通常无绒羽（图76.2）。因为表皮的血管极多，所以整个斑略带红色。产卵后，上腹的皮肤会有皱褶，直至九月初便完全覆盖。

年龄判别 **成鸟**：大覆羽为一致的中度褐色或带有灰色调的褐色（图76.4、图76.6）。

1龄鸟：大覆羽的新羽通常与未换的亚成鸟羽成对比，亚成鸟羽为鲜艳的棕褐色，且较新羽短，内侧第三至第六枚羽端有淡色或白色的倾向，通常较留存的亚成鸟大覆羽稍长（图76.3、图76.5），尾羽生长线比较整齐（图76.7）。

图 76.5

图 76.1

图 76.2

♂

♀(x=绒羽)

幼鸟的外侧羽，鲜艳的棕褐色

已更换的内侧羽，中度的褐色

有白色羽端

大覆羽

图 76.3

图 76.4

图 76.6

图 76.7

河乌科 Cinclidae

77. 褐河乌 *Cinclus pallasii*

鉴别要点 体长 19~24 cm。通体乌黑色或咖啡黑色，嘴、脚亦为黑色。

性别判别 ♂：通体黑棕色（图77.1）。

♀：通体棕色（图77.2）。

年龄判别 **成鸟**：通体黑棕色或棕色（图77.1）。

1龄鸟：喉部及背部有灰白色杂斑（图77.3）。

图 77.1

图 77.2

图 77.3

椋鸟科 Sturnidae

78. 灰椋鸟 *Spodiopsar cineraceus*

鉴别要点 体长 19~23 cm。头顶至后颈黑色，额和头顶杂有白色，颊和耳覆羽白色微杂有黑色纵纹；上体灰褐色，尾上覆羽白色；嘴橙红色，尖端黑色。

性别判别 ♂：自额、头顶、头侧、后颈和颈侧黑色微具光泽，额和头顶前部杂有白色，眼先和眼周灰白色杂有黑色，颊和耳羽白色亦杂有黑色（图 78.1）。

♀：体羽偏褐；仅前额杂有白色，头顶至后颈黑褐色。上胸黑褐色具棕褐色羽干纹（图 78.2）。

年龄判别 **成鸟**：中央尾羽端部尖，最外侧尾羽白色羽缘较宽（图 78.3）。

1 龄鸟：中央尾羽端部圆，最外侧尾羽白色羽缘较窄（图 78.4）。

图 78.1

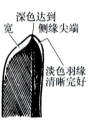

图 78.3

图 78.2

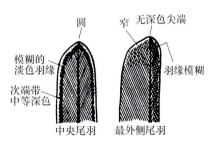

图 78.4

79. 北椋鸟 *Agropsar sturninus*

鉴别要点 体长 16~19 cm。头顶至上背淡灰色至暗灰色，枕部具一辉紫黑色块斑，其余上体黑色而具紫色光泽。

性别判别 ♂：雄鸟头顶至背灰色或暗灰色，枕部具一紫黑色而富有光泽的块斑（图 79.1）

♀：枕部斑块和背羽偏褐色（图 79.2）

年龄判别 **成鸟**：头顶灰色，不具黑色斑纹（图 79.1），尾羽羽端圆弧形（图 79.4）。

1 龄鸟：上体土褐色，颏、喉污灰白色，其余下体淡褐白色或浅土褐色，有的具褐色纵纹（图 79.3），尾羽羽端钝尖形（图 79.5）。

图 79.3

图 79.1

图 79.2

图 79.4

图 79.5

80. 紫翅椋鸟 *Sturnus vulgaris*

鉴别要点　体长 19~22 cm。通体黑色具紫色和绿色金属光泽；冬羽除两翅和尾外，上体各羽端具褐白色斑点，下体具白色斑点。

性别判别　♂：嘴基部蓝灰色（图 80.1）；最长的喉羽（量至基部，压平；于紫色与绿色交界处下喉中央选择最长的羽毛）2.0~2.5 cm（图 80.3）。

♀：嘴基部黄色（图 80.2）；最长喉羽 1.6~2.0 cm（图 80.4）。

年龄判别　**成鸟**：头部黑色，具黄白色斑点（图 80.1、图 80.2、图 80.5），中央尾羽黑色（图80.6）。

1 龄鸟：头部灰褐色，不具斑点，中央尾羽黑灰色（图 80.7）。

图 80.2

图 80.1

图 80.5

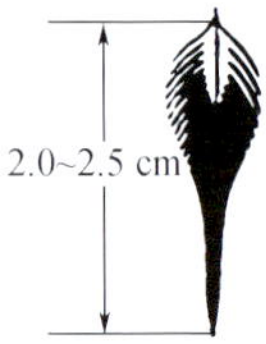

图 80.3

图 80.4

图 80.6

图 80.7

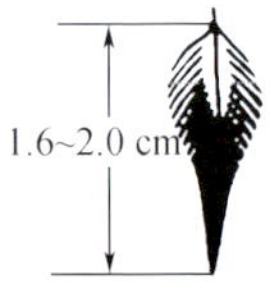

80

鸫科 Turdidae

81. 白眉地鸫 *Geokichla sibirica*

鉴别要点　体长 20~23 cm。雄鸟通体暗蓝灰色或黑灰色，腹中部和尾下覆羽白色具长而粗的白色眉纹，尾为黑灰或蓝灰色，外侧尾羽具宽的白色尖端。雌鸟上体橄榄褐色，下体皮黄白色，胸和两胁具褐色横斑。

性别判别　♂：眉纹白色、下腹具白色外，通体蓝黑色（图 81.1）。

♀：眉纹皮黄色，上体橄榄褐色；喉黄白色；下体余部土黄色具褐色横斑（图 81.2）。

年龄判别　**成鸟:** 体色较深（图 80.1、图 80.2）。

1 龄鸟: 雄鸟眉纹黄白色、下腹具黄白色外，通体灰黑色（图 81.3、图 81.4）。

图 81.2

图 81.3

图 81.1

图 81.4

82. 虎斑地鸫 *Zoothera aurea*

鉴别要点 体长 26~30 cm。上体金橄榄褐色满布黑色鳞片状斑。

性别判别 ♂：上嘴黑褐色，下嘴灰黄色大于 2/3，靠基部黄色较深（图 82.1）。

♀：上嘴黑褐色，下嘴灰黄色近于 1/2，靠基部黄色不深（图 82.2）。

年龄判别 成鸟：嘴端略呈钩形，外侧尾羽羽端圆弧形（图 82.3）。

1 龄鸟：嘴端不呈钩形，外侧尾羽羽端锐尖形（图 82.4）。

图 82.2

图 82.1

图 82.3

图 82.4

83. 灰背鸫 *Turdus hortulorum*

鉴别要点　体长 18~23 cm。上体石板灰色，颏、喉灰白色，胸淡灰色，两胁和翅下覆羽橙栗色，腹白色，两翅和尾黑色。

性别判别　♂：上体深灰色，胸浅灰色，两胁红棕色在胸部相连，嘴黄褐色（图83.1）。

　　　　　　♀：上体羽色近褐色，胸白而具黑色纵纹，两胁红棕色在胸部不相连，嘴褐色（图83.2）。

年龄判别　成鸟：外侧尾羽羽端钝尖形（图83.3）。

1 龄鸟：外侧尾羽羽端锐尖形（图83.4）。

<table>
<tr><td>图 83.1</td><td>图 83.2</td></tr>
</table>

<table>
<tr><td>图 83.3</td><td>图 83.4</td></tr>
</table>

84. 白眉鸫 *Turdus obscurus*

鉴别要点 体长 20~24 cm。雄鸟头、颈灰褐色，具长而显著的白色眉纹，眼下有一白斑，上体橄榄褐色，胸和两胁橙黄色，腹和尾下覆羽白色。雌鸟头和上体橄榄褐色，喉白色而具褐色条纹。

性别判别 ♂：眼先黑褐色，喉、颈及耳覆羽为一致的灰色（图 84.1）。

♀：眼先灰褐色，喉部为大片白色带褐灰色纵斑，耳覆羽褐灰色，混有一些白色（羽轴）（图 84.2）。

年龄判别 成鸟：最外侧尾羽白色羽缘较宽（图 84.3）。

1 龄鸟：外侧尾羽内瓣无白色或仅非常少且扩散的白色（图 84.4）。

图 84.1

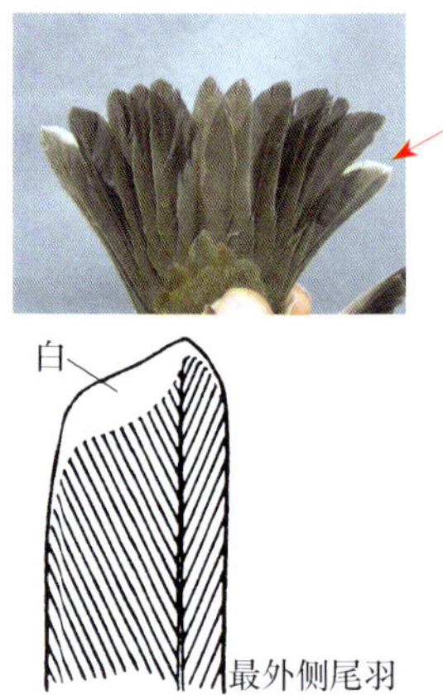

图 84.3

图 84.2

图 84.4

85. 白腹鸫 *Turdus pallidus*

鉴别要点 体长 22~23 cm。头灰褐色，无纹，背橄榄褐色，尾黑褐沾灰，外侧尾羽具宽阔的白色端斑；下体白色沾灰。

性别判别 ♂：上体茶褐色，头部色深。胸和两胁灰褐色，腹中央及尾下覆羽白色（图 85.1）。

♀：头部色淡，喉、胸、腹均为白色（图 85.2）。

年龄判别 成鸟：尾端钝尖形（图 85.3）。

1 龄鸟：尾端尖形（图 85.4）。

图 85.1

图 85.2

图 85.3

图 85.4

86. 黑喉鸫 *Turdus atrogularis*

鉴别要点 体长 22~23 cm。喉、上胸部黑色。

性别判别 ♂：颊、喉及胸部纯黑色（图 86.1）。

♀：喉及胸部具黑色杂斑（图 86.2）。

年龄判别 **成鸟**：中央尾羽羽端钝尖形（图 86.3）。

1 龄鸟：中央尾羽羽端锐尖形（图 86.4）。

图 86.1

图 86.2

图 86.3

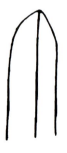

图 86.4

87. 赤颈鸫 *Turdus ruficollis*

鉴别要点 体长 22~25 cm。上体灰褐色，有窄的栗色纹；颏、喉、上胸红褐色，腹至尾下覆羽白色，腋羽和翼下覆羽橙棕色。

性别判别 ♂：眉纹、颏至胸栗红色（图 87.1）。

♀：喉和胸白而具棕栗色纵纹（图 87.2）。

年龄判别 **成鸟**：第 1~6 枚尾羽羽端钝圆形（图 87.3）。

1 龄鸟：第 1~6 枚尾羽羽端钝尖形（图 87.4）。

图 87.2

图 87.1

第 1~6 枚尾羽

图 87.3

图 87.4

88. 红尾斑鸫 *Turdus naumanni*

鉴别要点 体长 20~24 cm。胸、两胁、尾下覆羽棕红色，羽端白色；尾基部和外侧尾棕红色。

性别判别 ♂：眉纹锈黄色（图 88.1）。

♀：眉纹黄白色（图 88.2）。

年龄判别 成鸟：尾羽羽端钝尖形（图 88.3）。

1 龄鸟：尾羽羽端尖形（图 88.4）。

图 88.1

图 88.2

图 88.3

图 88.4

89. 斑鸫 *Turdus eunomus*

鉴别要点　体长 19~24 cm。上体从头至尾暗橄榄褐色杂有黑色；下体白色，喉、颈侧、两胁和胸具黑色斑点；两翅和尾黑褐色，翅上覆羽和内侧飞羽具宽的棕色羽缘；眉纹白色，翅下覆羽和腋羽辉棕色。

性别判别　♂：黑色胸带通常显著且完整；喉部很少有纵纹（图 89.1）。

　　　　　　♀：胸带通常中断，且黑色较淡；喉部纵纹明显（图 89.2）。

年龄判别　成鸟：尾羽颜色较深，外侧尾羽羽端钝尖形。（图 89.3）。

1 龄鸟：尾羽颜色较浅，半透明，羽端灰白色，锐尖形。（图 89.4）。

图 89.1　　　　　　　　　　　　　　　　　图 89.2

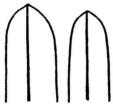

图 89.3　　　　　　　　　　　　　　　　　图 89.4

90. 田鸫 *Turdus pilaris*

鉴别要点　体长 25~28 cm。头顶、颈、腰淡蓝灰色，背栗褐色，两翅和尾黑褐色，眉纹白色。下体白色，喉、胸缀锈黄色具黑褐色纵纹，下胸和两胁具黑褐色鳞状斑。

性别判别　♂：翅上覆羽灰棕色，耳羽下方具黑色斑纹（图 90.1）。

♀：翅上覆羽锈红色，耳羽下方不具黑色斑纹（图 90.2、图 90.3）。

图 90.3

年龄判别　成鸟：尾羽宽，羽端圆弧形（图 90.4）。

1 龄鸟：尾羽窄，羽端钝尖（图 90.5）。

图 90.1

图 90.4

图 90.2

图 90.5

91. 旅鸫 *Turdus migratorius*

鉴别要点 体长 25~28 cm。有白色眼环，胸腹部红橙色，下腹部白色（图 91.1）。

性别判别 ♂：头部黑色，（图 91.2）。

♀：头部黑灰色，杂有白色斑纹，喉部具黑白相间纵纹（图 91.3）。

年龄判别 成鸟：喙黄色，尾羽羽端钝尖形（图 91.4）。

1 龄鸟：喙黑灰色，尾羽羽端锐尖形（图 91.5）。

图 91.2

图 91.1

图 91.3

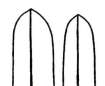

图 91.4

图 91.5

鹟科 Muscicapidae

92. 灰纹鹟 *Muscicapa griseisticta*

鉴别要点　体长 13~15 cm。上体灰褐色，下体污白色具明显的成条排列的纵纹；翅较长，合翅时翼尖几达尾端。

性别判别　♂：耳羽黑灰色，胸部相连的灰斑较宽（图 92.1）。

　　♀：耳羽灰色，胸部为灰色纵纹（图 92.2）。

年龄判别　成鸟：尾羽生长线除特殊情况，一般不整齐。

1 龄鸟：尾羽生长线整齐。

图 92.1

图 92.2

93. 乌鹟 *Muscicapa sibirica*

鉴别要点 体长 12~14 cm。上体乌灰褐色，眼圈白色，翅和尾黑褐色，内侧飞羽具白色羽缘；下体污白色，下体较暗，胸和两胁纵纹粗阔，彼此相融成团，纵纹不明显。

性别判别 ♂：耳羽黑灰色，胸部相连的灰斑较宽（图 93.1）。

♀：耳羽灰色，胸部为灰色纵纹（图 93.2、图 93.3）。

年龄判别 **成鸟**：尾羽生长线除特殊情况，一般不整齐（图 93.4）。

1 龄鸟：尾羽生长线整齐（图 93.5）。

图 93.1

图 93.4

图 93.5

图 93.2

图 93.3

94. 北灰鹟 *Muscicapa dauurica*

鉴别要点　体长 12~14 cm。嘴较宽阔，上体灰褐色，眼周和眼先白色，翅和尾暗褐色，翅上大覆羽具窄的灰色端缘，三级飞羽具棕白色羽缘；下体灰白色，胸和两胁缀淡灰褐色。

性别判别　♂：喉部白，有明显、狭窄的黑灰色颊线，胸部相连的灰斑较宽（图 94.1）。

　　♀：喉部灰白，有数条灰色纵纹形成颊线，胸部为灰色纵纹（图 94.2）。

年龄判别　成鸟：尾羽生长线除特殊情况，一般不整齐（图 94.3）。

1 龄鸟：尾羽生长线整齐；尾羽羽端尖形（图 94.4）。

图 94.1

图 94.2

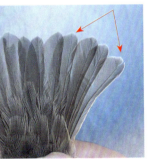

图 94.3

图 94.4

95. 白腹蓝鹟 *Cyanoptila cyanomelana*

鉴别要点　体长 14~17 cm。雄鸟头顶钴蓝色或钴青蓝色，其余上体紫蓝色或青蓝色，外侧尾羽基部白色；头侧、额、喉、胸黑色，其余下体白色。雌鸟上体橄榄褐色，腰沾锈色，眼圈白色。

性别判别　♂：头顶钴蓝色或钴青蓝色，其余上体紫蓝色或青蓝色，下体白色，外侧尾羽基部白色（图 95.1）。

♀：上体橄榄褐色，两胁浅蓝色（图 95.2）。

年龄判别　**成鸟**：尾羽生长线不齐，尾端圆弧形（图 95.3）。

1 龄鸟：尾羽生长线比较齐，尾端钝尖形（图 95.4）。

图 95.1　　　　　　　　　　　　图 95.2

图 95.3　　　　　　　　　　　　图 95.4

96. 蓝歌鸲 *Larvivora cyane*

鉴别要点 体长 12~14 cm。嘴黑色，下体白色。

性别判别 ♂：上体暗蓝色。眼先、喉和胸两侧黑色。下体纯白色（图 96.1）。

♀：上体橄榄褐色，仅腰和尾上覆羽蓝色，尾羽沾蓝；颏、喉和胸白而沾棕黄，胸和腹两侧橄榄褐色，下体余部白色（图 96.2）。

年龄判别 成鸟：尾羽羽端圆弧形（图 96.3）。

1 龄鸟：尾羽羽端锐尖形（图 96.4）。

图 96.1

图 96.2

图 96.3

图 96.4

97. 红尾歌鸲 *Larvivora sibilans*

鉴别要点　体长 13~15 cm。上体橄榄褐色，尾上覆羽、尾红褐色或棕色；下体白色，颏、喉、胸和两胁有明显的褐色鳞状斑。

性别判别　♂：眼先黑褐色，颈侧白斑明显（图 97.1）。

♀：眼先淡褐色，颈侧白斑不明显（图 97.2）。

年龄判别　**成鸟**：尾羽棕红色（图 97.3）。

1 龄鸟：尾羽棕褐色、半透明（图 97.4）。

图 97.1

图 97.2

图 97.3

图 97.4

98. 蓝喉歌鸲 *Luscinia svecica*

鉴别要点 体长 14~16 cm。上体橄榄褐色或土褐色，尾基栗红色。

性别判别 ♂：蓝色胸带混有一些黑色羽毛，下喉有大的栗色斑，喉侧为蓝色（图 98.1）。1 龄鸟似雌成鸟，但通常胸部较蓝，且喉侧通常出现蓝色（图 98.3）。

♀：胸带略带黑色，有一些蓝色羽毛，下喉有模糊的栗色带斑，喉侧通常无蓝色（图 98.2）。

年龄判别 **成鸟**：尾羽羽端圆弧形（图 98.4）。

1 龄鸟：尾羽羽端钝尖形（图 98.5）。

图 98.1

图 98.2

图 98.3

图 98.4

图 98.5

99. 红喉歌鸲 *Calliope calliope*

鉴别要点 体长 14~16 cm。雄鸟颏、喉红色。雌鸟颏、喉白色。

性别判别 ♂：眼先亮黑色，颏鲜红色，颊纹为明显的纯白色，有鲜红色喉斑（图 99.1）。

♀：眼先深灰色，颏白色或浅粉色，颊纹白色略带橄榄色，并向下逐渐消失（图 99.2、图 99.3）。

年龄判别 **成鸟**：尾羽端部钝尖形（图 99.4）。

1 龄鸟：外侧大覆羽、三级飞羽、一些尾羽和里侧的初级覆羽尖浅黄色；雌性喉部为白色；尾羽端部锐尖形（图 99.3、图 99.5）。

图 99.1

图 99.2

图 99.3

图 99.4

图 99.5

100. 红胁蓝尾鸲 *Tarsiger cyanurus*

鉴别要点 体长 12~14 cm。嘴黑色，两胁橙红色，腹白色。

性别判别 ♂：上体苍蓝色；眼先黑色；两胁橙红色；腰羽、尾羽鲜蓝色（图 100.1）。1 龄鸟小翼羽、腰羽鲜蓝色（图 100.3）。

♀：上体橄榄褐色，两胁橙红色稍淡，腰羽、尾羽淡蓝色（图 100.2、图 100.4）。

年龄判别 成鸟：最外侧尾羽羽端钝尖形（图 100.5）。

1 龄鸟：最外侧尾羽羽端锐尖形（图 100.6）。

图 100.1

图 100.2

图 100.3

图 100.4

图 100.5

图 100.6

101. 白眉姬鹟 *Ficedula zanthopygia*

鉴别要点 体长 11~14 cm。嘴黑色，腰羽黄色。

性别判别 ♂：头部和上体黑色，翅上有大型白斑；眉纹白色；颏、喉、胸、腹鲜黄色（图 101.1）。1 龄鸟后背灰绿色，胸、腹部浅黄色（图 101.3）。

♀：上体暗灰黄色，无眉纹；下体黄白色，喉与胸有鳞状横斑纹（图 101.2）。1 龄鸟颏、喉、胸、腹黄绿色（图 101.4）。

年龄判别 **成鸟：**最外侧 3 枚尾羽羽端圆形（图 101.5）。

1 龄鸟：最外侧 3 枚尾羽羽端钝尖形（图 101.6）。

图 101.1

图 101.2

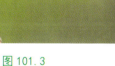

图 101.3

图 101.4

图 101.5

图 101.6

102. 鸲姬鹟 *Ficedula mugimaki*

鉴别要点　体长 11~13 cm。嘴黑色，外侧尾羽基部白色。雄鸟头和上体黑色，有白色眉斑、翅斑。雌鸟上体灰褐沾绿色，下体颏至上腹淡棕黄色，其余下体白色。

性别判别　♂：头部和上体黑色（1 龄鸟深灰色），翅上有大型白斑；眼的后上方有白色短眉斑；颏、喉、胸橙棕色（图 102.1、图 102.3）。

♀：雌鸟上体灰褐色沾绿；无眉斑（图 102.2、图 102.4）。

年龄判别　成鸟：尾羽羽端钝尖形（图 102.5）。

1 龄鸟：尾羽羽端锐尖形（图 102.6）。

图 102.1

图 102.3

图 102.2

图 102.4

图 102.5

图 102.6

103. 红喉姬鹟 *Ficedula albicilla*

鉴别要点　体长 11~13 cm。尾上覆羽和中央尾羽黑褐色,外侧尾羽褐色,基部白色。

性别判别　♂:喉部繁殖季节橘红色,非繁殖季节白色,胸部淡灰色(图 103.1 右)。

♀:喉部灰白色,胸部棕灰色(图 103.1 左)。

年龄判别　**成鸟:**最外侧尾羽钝尖形(图 103.2)。

1 龄鸟:最外侧尾羽锐尖形(图 103.3)。

图 103.1

图 103.2

图 103.3

104. 北红尾鸲 *Phoenicurus auroreus*

鉴别要点 体长 13~15 cm。两翅黑色具明显的白色翅斑，外侧尾羽锈黄色，中央一对尾羽黑色。

性别判别 ♂：头顶至后颈灰白色，下体胸至尾下覆羽橙棕色，翅上有醒目的白斑（图104.1）。

♀：头褐色，上体橄榄褐色，下体灰褐色，翅上白斑较小（图104.2）。

图 104.1

年龄判别 成鸟：尾羽羽端钝尖形（图104.3）。

1龄鸟：尾羽羽端锐尖形（图104.4）。

图 104.2

图 104.3

图 104.4

105. 红腹红尾鸲 *Phoenicurus erythrogastrus*

鉴别要点 体长 15~17 cm。尾羽锈红色。

性别判别 ♂：头顶至枕白色，翅上有大型白斑，腹部、尾锈棕色（图 105.1）。

♀：灰褐色，腰至尾上覆羽和尾羽棕色，眼有一圈白色，下体浅棕灰色（图 105.2）。

年龄判别 **成鸟**：尾羽羽端钝尖形。

1 龄鸟：尾羽羽端锐尖形（图 105.3）。

图 105.1

图 105.2

图 105.3

106. 白喉矶鸫 *Monticola gularis*

鉴别要点 体长 17~19 cm。嘴黑褐色。雄鸟头顶和翅上覆羽钻蓝色。雌鸟头顶、两翅和尾灰褐色，腹部棕白色具黑色鳞状斑。

性别判别 ♂：额、头顶至后颈钻蓝色，穿眼纹至背和肩黑色，喉白色，头侧、胸部和腹两侧浓栗色（图 106.1）。

♀：上体橄榄褐色，背部具白色横斑。下体白色沾棕，胸至尾下覆羽具黑色鳞状横斑（图 106.2）。

年龄判别 成鸟：尾羽颜色较深，尾羽生长线不齐，尾端钝尖形（图 106.3、图 106.4）。

1 龄鸟：尾羽颜色较浅，尾羽生长线比较齐，尾端尖形（图 106.5、图 106.6）。

图 106.1

图 106.2

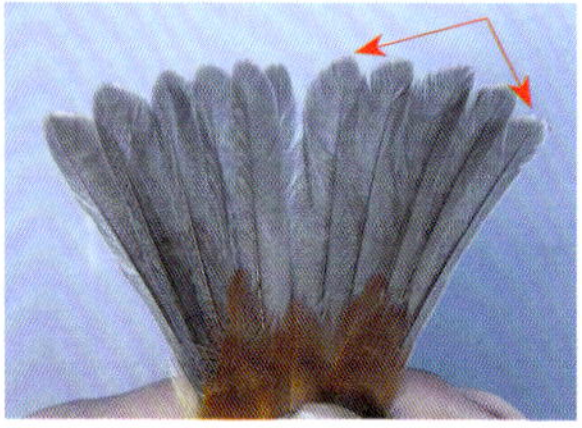

图 106.3

图 106.4

图 106.5

图 106.6

107. 东亚石䳭 *Saxicola stejnegeri*

鉴别要点 体长 12~15 cm。雄鸟头部黑色，胸锈红色；雌鸟头部黄褐色，喉近白色。

性别判别 ♂：夏羽头顶、后颈、背、尾、头侧和喉黑色。两翼黑褐色。翼上具白斑。胸橙红色。颈两侧白色（图 107.1）；冬羽黑色部分杂以黄褐斑（图 107.2）。

♀：夏羽头至背黄褐色具黑色纵纹，腰橙黄色。喉和腹部中央棕白色，胸部和腹两侧橙黄色（图 107.3）；冬羽几乎通体黄褐色（图 107.4）。

年龄判别 **成鸟**：最外侧尾羽羽端钝尖形（图 107.5）。

1 龄鸟：最外侧尾羽羽端尖形（图 107.6）。

图 107.1

图 107.2

图 107.3

图 107.4

图 107.5

图 107.6

108. 穗䳭 *Oenanthe oenanthe*

鉴别要点 体长 14~16 cm。头顶至腰灰色，眼先和头侧黑色，两翅黑色，尾上覆羽为白色，中央尾羽黑色，基部白色，外侧尾羽白色具宽阔的黑色端斑，下体白色。

性别判别 ♂：眼先黑褐色（图108.1）。

♀：眼先白色（图108.2）。

年龄判别 成鸟：最外侧尾羽羽端钝尖形。

1龄鸟：最外侧尾羽羽端尖形。

图108.2

图108.1

109. 沙䳭 *Oenanthe isabellina*

鉴别要点　体长 15~16 cm。上体沙褐色具白色眉纹，腰和尾上覆羽白色，尾黑色，外侧尾羽基部白色。下体沙灰褐色，胸微缀锈色。胸部无淡棕色领圈，上体不为灰褐色，脸部除眼先外不沾黑色。

性别判别　♂：眼先黑褐色（图 109.1）。

♀：眼先灰色（图 109.2）。

年龄判别　成鸟：胸部不具斑纹（图 109.1、图 109.2）。最外侧尾羽羽端钝尖形。

1 龄鸟：胸部具斑纹（图 109.3）。最外侧尾羽羽端尖形。

图 109.3

图 109.1

图 109.2

戴菊科 Regulidae

110. 戴菊 *Regulus regulus*

鉴别要点 体长 9~10 cm。上体橄榄绿色，头顶中央柠檬黄色或橙黄色；羽冠两侧有明显的黑色侧冠纹，眼周灰白色。

性别判别 ♂：头顶有柠檬黄色冠羽，冠羽中部稍后为橙红色，冠羽两侧为黑纵纹（图 110.1）。

♀：羽色偏暗，冠羽中部仅为黄色，冠羽两侧为深褐色纵纹（图 110.2）。

年龄判别 **成鸟**：初级飞羽端部钝尖形（图 110.3），第 4~6 枚尾羽端部钝尖形（图 110.5）。

1 龄鸟：初级飞羽端部尖形（图 110.4），第 4~6 枚尾羽端部尖形（图 110.6）。

图 110. 1

图 110. 2

图 110. 3

图 110. 4

图 110. 5

图 110. 6

太平鸟科 Bombycillidae

111. 太平鸟 *Bombycilla garrulus*

鉴别要点 体长 19~23 cm。尾具黄色端斑。

性别判别 ♂：黑色喉斑边缘清晰（图 111.1）。

♀：黑色喉斑边缘模糊（图 111.2）。

年龄判别 **成鸟**：尾羽端斑黄色，较宽（图 111.3）。

1 龄鸟：尾羽端斑淡黄色，较窄（图 111.4）。

图 111.2

图 111.1

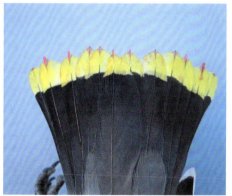

图 111.3

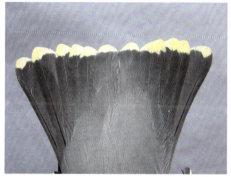

图 111.4

112. 小太平鸟 *Bombycilla japonica*

鉴别要点 体长 18~20 cm。尾具红色尖端。

性别判别 ♂：黑色喉斑边缘清晰（图 112.1）。

♀：黑色喉斑边缘模糊（图 112.2）。

年龄判别 成鸟：尾羽粉红色端斑较宽（图 112.3）。

1 龄鸟：尾羽粉红色端斑较窄（图 112.4）。

图 112. 1

图 112. 2

图 112. 3

图 112. 4

岩鹨科 Prunellidae

113. 高原岩鹨 *Prunella himalayana*

鉴别要点 体长 15~17 cm。颏、喉白色，其下缘和两侧黑色，形成不明显的黑色环带，胸和两胁锈栗色，其余下体白色具棕褐色纵纹。

性别判别 ♂：黑色喉部下沿线明显，枕部灰色（图 113.1）。

♀：黑色喉部下沿线不明显，枕部杂灰色（图 113.2）。

年龄判别 **成鸟**：尾羽端部钝尖形。

1 龄鸟：尾羽端部锐尖形。

图 113.2

图 113.1

114. 领岩鹨 *Prunella collaris*

鉴别要点　体长 15~18 cm。喉具黑白相间横斑。

性别判别　♂：头、胸深灰色（图 114.1）。

♀：头、胸浅灰色（图 114.2）。

年龄判别　成鸟：中央尾羽羽端钝圆形（114.3）。

1 龄鸟：中央尾羽羽端钝尖形（图 114.4）。

图 114. 2

图 114. 1

图 114. 3

图 114. 4

115. 褐岩鹨 *Prunella fulvescens*

鉴别要点 体长 13~16 cm。有白色或黄白色眉纹，胸部无斑纹。

性别判别 ♂：胸、两胁棕黄色（图115.1）。

♀：胸、两胁土黄色（图115.2）。

年龄判别 **成鸟**：尾羽端部钝尖形（图115.3）。

1 龄鸟：尾羽端部锐尖形（图115.4）。

图 115.2

图 115.1

图 115.3

图 115.4

116. 棕眉山岩鹨 *Prunella montanella*

鉴别要点 体长 15~16 cm。有一长而宽阔的淡黄色眉纹从额基一直向后延伸至后侧；胸部有斑纹。

性别判别 ♂：头顶黑褐色，眉纹棕黄色（图 116.1、图 116.6）。

♀：头顶深棕色，眉纹黄白色（图 116.2）。

年龄判别 成鸟：尾羽端部钝尖形（图 116.3），虹膜颜色较深（图 116.5 右）。

图 116.5

1 龄鸟：尾羽端部锐尖形（图 116.4），虹膜颜色较浅（图 116.5 左）。

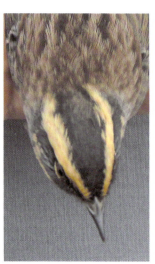

图 116. 3

图 116. 1　　　　　图 116. 2　　　　　图 116. 4

图 116. 6

雀科 Passeridae

117. 家麻雀 *Passer domesticus*

鉴别要点　体长 14~16 cm。头顶和腰灰色，背栗红色具黑色纵纹。颏、喉和上胸黑色，脸颊白色，其余下体白色，翅上具白色带斑。

性别判别　♂：额、头顶和后颈灰色，后颈有时混杂有栗色，眼先、眼周、嘴基黑色，眼后有一栗色带，脸颊、耳羽白色（图 117.1）。

♀：头顶和腰灰褐色，背淡红褐或土红褐色具黑色纵纹，具一土黄白色或淡土黄色眉纹，两翅和尾暗褐色，翅具淡棕色羽缘（图 117.2）。

图 117.2

年龄判别　**成鸟**：中央尾羽端部钝尖形（图 117.3）。

1 龄鸟：中央尾羽端部锐尖形（图 117.4）。

图 117.1

图 117.3　　　　　　　　　　　　图 117.4

118. 麻雀 *Passer montanus*

鉴别要点 体长 13~15 cm。额、头顶至后颈栗褐色，头侧白色，耳部有一黑斑，头侧白色；颏、喉黑色，其余下体污灰白色微沾褐色。

性别判别 ♂：喉斑黑色斑块边缘整齐（图118.1）。

♀：喉斑黑色斑块较长，边缘不整齐（图118.2）。

年龄判别 **成鸟**：喉斑黑色斑块较大，头羽颜色较深（图118.1、图118.2），尾羽不透明（图118.4）。

1龄鸟：喉斑黑色斑块较小，头羽颜色较浅（图118.3），尾羽半透明（图118.5）。

图 118.3

图 118.1

图 118.2

图 118.4

图 118.5

鹡鸰科 Motacillidae

119. 山鹡鸰 *Dendronanthus indicus*

鉴别要点　体长 16~18 cm。上体橄榄绿色，翅上有两道显著的白色横斑，外侧尾羽白色；下体白色，胸有两道黑色横带。

性别判别　♂：腹部白，两翅自然合拢时几乎看不到两胁的微沾淡棕色或橄榄褐色（图 119.1）。

♀：腹部污白，两翅自然合拢时能看到两胁的微沾淡棕色或橄榄褐色（图 119.2）。

年龄判别　成鸟：尾羽端部较宽、圆（图 119.3）。

1 龄鸟：尾羽端部较窄、尖（图 119.4）。

图 119.1

图 119.2

图 119.3

图 119.4

120. 树鹨 *Anthus hodgsoni*

鉴别要点 体长 15~17 cm。上体橄榄绿色具褐色纵纹，尤以头部较明显；眉纹乳白色或棕黄色，耳后有一白斑。野外停栖时，尾常上下摆动。

性别判别 ♂：腰羽黄绿色（图 120.1）。

♀：腰羽灰绿色（图 120.2、120.3）。

年龄判别 **成鸟**：尾羽端部钝尖形（图 120.4）。

1 龄鸟：尾羽端部锐尖形（图 120.5）。

图 120.5

图 120.2

图 120.1

图 120.3

图 120.4

121. 红喉鹨 *Anthus cervinus*

鉴别要点　体长 14~15 cm。上体橄榄灰褐色、暗褐色至棕褐色，下体颏、喉、上胸和眉纹棕红色，其余下体黄褐色，下胸和两胁具黑褐色纵纹；最外侧一对尾羽有大的楔状白斑。

性别判别　♂：颏、喉、上胸和眉纹棕红色（图 121.1）。

♀：喉为暗粉红色（图 121.2）。

年龄判别　**成鸟**：喉部有粉红色。两胁及胸部黑色纵纹较少（图 121.1、图 121.2）。

图 121.1

1 龄鸟：喉部灰白色，没有粉红色。两胁及胸部黑色纵纹较多，尾羽羽端锐尖形（图 121.3、图 121.4）。

图 121.2

图 121.3

图 121.4（冬羽）

122. 草地鹨 *Anthus pratensis*

鉴别要点 体长 14~16 cm。上体橄榄褐色具黑褐色纵纹；下体皮黄白色，喉侧、胸和两胁具暗色纵纹；尾黑褐色，外侧尾羽有大的楔状白斑；后爪较长而少弯曲。

性别判别 ♂：背部灰绿色（图 122.1）。

♀：背部灰绿偏褐色（图 122.2）。

年龄判别 成鸟：尾羽羽端圆弧形。

1 龄鸟：尾羽羽端锐尖形。

图 122.2

图 122.1

123. 水鹨 *Anthus spinoletta*

鉴别要点 体长 15~17 cm。上体灰褐或橄榄褐色，具不明显的暗褐色纵纹；外侧尾羽具大型白斑，翅上有两条白色横带；下体白色或浅棕色，繁殖期喉、胸部沾葡萄红色。

性别判别 ♂：颊纹、耳羽灰褐色（图 123.1）。

♀：颊纹、耳羽灰色（图 123.2）。

年龄判别 **成鸟**：尾羽羽端圆弧形。

1 龄鸟：尾羽羽端锐尖形。

图 123.2

图 123.1

123

124. 田鹨 *Anthus richardi*

鉴别要点 体长 17~18 cm。头顶和背具暗褐色纵纹，眼先和眉纹皮黄白色；下体白色或皮黄白色，喉两侧有一暗褐色纵纹，胸具暗褐色纵纹；尾黑褐色，最外侧一对尾羽白色；脚和后爪甚长，在地上站立时多呈垂直姿势。

性别判别 ♂：胸部纵纹黑色，腹部无杂纹（图 124.1）。

♀：胸部纵纹棕黑色，腹部有灰色暗纹（图 124.2）。

年龄判别 成鸟：尾羽羽端圆弧形（图 124.3）。

1 龄鸟：尾羽羽端锐尖形（图 124.4）。

图 124. 2

图 124. 1

图 124. 3

图 124. 4

125. 黄鹡鸰 *Motacilla tschutschensis*

鉴别要点 体长 16~18 cm。头顶蓝灰色，背部橄榄绿色或灰色；具白色、黄色或黄白色眉纹。

性别判别 ♂：头顶、枕灰蓝色，喉、胸部、腹部黄色（图 125.1）。

♀：头顶、枕灰色，喉污白色，腹部黄白色（图 125.2）。

年龄判别 成鸟：下嘴铅灰色（图 125.1）。

1 龄鸟：下嘴基黄白色，胸部淡棕色，腹部污白色。

图 125.1

图 125.2

126. 灰鹡鸰 *Motacilla cinerea*

鉴别要点 体长 16~18 cm。背部暗灰色或暗灰褐色，眉纹白色，中央尾羽黑褐色，外侧一对尾羽白色；胸腹部黄色。雄鸟颏、喉夏季为黑色，冬季为白色，雌鸟夏冬季均为白色。

性别判别 ♂：喉黑色，腹部黄色；眉纹、下眼睑及颊纹为纯白色（图 126.1）。

♀：上体较绿灰；颏、喉灰白色；通常有略带黑色的杂斑。腹部黄白色；眉纹、下眼睑及颊纹为皮黄色（图126.2）。

年龄判别 成鸟：飞羽及翼覆羽底色略带黑色，对比不

图 126.1

明显。秋季的雄成鸟，胸及腹黄色或黄略带皮黄色，尾羽端部较宽、圆（图 126.1、126.3）。

1 龄鸟：颏、喉灰白色，不具黑色。胸部呈锈黄色；尾羽端部较窄、尖（图126.4）。

图 126.2

图 126.3

图 126.4

127. 黄头鹡鸰 *Motacilla citreola*

鉴别要点 体长 16~20 cm。头、头侧和下体亮黄色；上体深灰色。

性别判别 ♂：头顶亮黄色（图 127.1）。

♀：头顶灰色（图 127.2）。

年龄判别 **成鸟**：大覆羽羽缘白色（图 127.1、图 127.2）；尾羽羽端钝圆形（图 127.4）。

1 龄鸟：大覆羽灰黑色，羽缘灰白色（图 127.3）；尾羽羽端锐尖形（图 127.5）。

图 127.1

图 127.2

图 127.3

图 127.4

图 127.5

128. 白鹡鸰 *Motacilla alba*

鉴别要点　体长 17~20 cm。前额和脸颊白色，头顶和后颈黑色；背、肩黑色或灰色；尾长而窄、黑色，两对外侧尾羽白色；喉黑或白色，胸黑色，其余下体白色。

性别判别　♂：额为非常纯的白色。头顶、枕黑色；大覆羽羽缘灰色或灰白色（图 128.1）。

　　♀：头顶灰色，枕无任何黑色；大覆羽端部白色，其余羽缘灰色（略带褐色）（图 128.2）。

年龄判别　成鸟：尾羽端部较宽、圆（图 128.3）。

1 龄鸟：尾羽端部较窄、尖（图 128.4）。

图 128.1

图 128.3

图 128.4

图 128.2

燕雀科 Fringillidae

129. 苍头燕雀 *Fringilla coelebs*

鉴别要点 体长 14~16 cm。嘴粗壮,呈圆锥状;翅黑色,有白斑;腰白色。

性别判别 ♂:雄鸟额黑色,头顶蓝灰色(图 129.1)。

♀:雌鸟头至背暗棕色,头两侧、喉和胸灰黄色(图 129.2)。

年龄判别 成鸟:第 5 枚尾羽羽端钝尖形(图 129.3)。

1 龄鸟:第 5 枚尾羽羽端锐尖形(图 129.4)。

图 129.2

图 129.1

图 129.3

图 129.4

130. 燕雀 *Fringilla montifringilla*

鉴别要点 体长 13~16 cm。嘴粗壮而尖，呈圆锥状，嘴基黄色，嘴端黑色；翅上有白斑，腰部白色。

性别判别 ♂：头顶、头两侧及后颈黑色有光泽，背黑而具浅色羽缘斑（图 130.1）。

♀：头背部色更淡（图 130.2）。

年龄判别 成鸟：尾羽较宽，颜色较深（图 130.3）。

1 龄鸟：尾羽较窄，颜色较浅（图 130.4）。

图 130. 1

图 130. 2

图 130. 3

图 130. 4

131. 锡嘴雀 *Coccothraustes coccothraustes*

鉴别要点 体长 16~18 cm。嘴粗大、铅蓝色，喉有一黑色块斑。

性别判别 ♂：眼先、嘴基和喉的羽毛黑色，头顶棕黄（图 131.1）；次级飞羽外瓣具黑紫色光泽（图 131.3）。

♀：头部黄褐色（图 131.2）；次级飞羽外瓣灰白色（图 131.4）。

年龄判别 成鸟：中央尾羽端部尖，最外侧尾羽白色羽缘较宽。

1 龄鸟：中央尾羽端部圆，最外侧尾羽白色羽缘较窄。

图 131.1

图 131.2

具黑紫色光泽

图 131.3

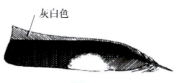

灰白色

图 131.4

132. 黑尾蜡嘴雀 *Eophona migratoria*

鉴别要点 体长 15~18 cm。嘴粗大、黄色。雄鸟头部黑色范围加大；飞羽具白色端斑。

性别判别 ♂：雄鸟嘴蜡黄色，繁殖期嘴尖和嘴缘黑色。头部、翅和尾黑色（图 132.1）。

♀：头部无黑色（图 132.2）。

年龄判别 成鸟：尾羽端部钝尖形。

1 龄鸟：尾羽端部尖形。

图 132.1

图 132.2

133. 黑头蜡嘴雀 *Eophona personata*

鉴别要点 体长 21~24 cm。
嘴粗大、蜡黄色，头黑色，上下体
羽灰色，两翅和尾黑色，翅上具白
色翅斑。

性别判别 ♂：额、头顶、嘴
基四周、眼先、眼周、颊前部、颏
和喉深黑色，额和头顶具蓝色金属
光泽，耳羽棕灰色（图 133.1）。

♀：上体较褐，多为褐灰色
（图 133.2）。

年龄判别 成鸟：尾羽端部
钝尖形。

1 龄鸟：尾羽端部尖形。

图 133. 1

图 133. 2

133

134. 普通朱雀 *Carpodacus erythrinus*

鉴别要点　体长 13~15 cm。嘴黄褐色；雄鸟均为红色无白色鳞状斑。雌鸟腰不为玫瑰红色；头顶、喉、胸不沾粉红色。

性别判别　♂：头部至后颈红色。上背和尾羽暗褐色。下背至腰暗红。下体颏、喉和胸暗红，腹部转为棕白色微沾红（图 134.1）。

♀：上体橄榄褐色至黄绿色，多纵纹，尤以腹部为多（图 134.2）。

年龄判别　成鸟：第 4 枚尾羽端部钝尖形（图 134.3）。

1 龄鸟：第 4 枚尾羽端部尖形（图 134.4）。

图 134.1

图 134.2

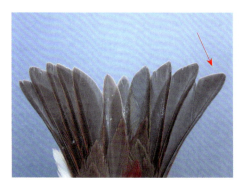

图 134.3

图 134.4

135. 北朱雀 *Carpodacus roseus*

鉴别要点　体长 15~17 cm。翅上有一道白斑。雄鸟均为红色具白色鳞状斑。雌鸟腰为玫瑰红色；头顶、喉、胸沾粉红色。

性别判别　♂：头顶和喉部银白色，胸部粉红色（图135.1左）。

♀：头部无银白色，下体多纵纹（图135.1右）。

年龄判别　**成鸟**：中央尾羽羽端钝尖形（图135.2）。

1龄鸟：中央尾羽羽端锐尖形（图135.3）；雄性1龄鸟的胸部粉红色，具褐色纵纹，额、喉有不明显银白色（图135.4）；雌性1龄鸟的胸部粉红色不明显，具褐色纵纹，额、喉没有不明显银白色。

图 135.4

图 135.1

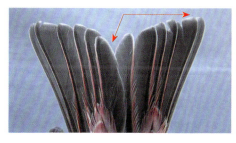

图 135.2

图 135.3

135

136. 长尾雀 *Carpodacus sibiricus*

鉴别要点 体长 14~18 cm。嘴淡褐色，短而呈圆锥状；翅上有两道白斑。

性别判别 ♂：翅和尾黑褐色，头顶、头侧和喉为银白色，其余体羽几乎全为玫瑰红色（图 136.1 左）。

♀：体羽几乎全为灰褐色，无银白色（图 136.1 右）。

年龄判别 成鸟：中央尾羽黑色较深（图 136.2）。

1 龄鸟：中间尾羽黑色较浅（图 136.3）。

图 136.1

图 136.2

图 136.3

137. 松雀 *Pinicola enucleator*

鉴别要点 体长 19~22 cm。嘴短粗，翅上有两道白斑，下腹至尾下覆羽灰白色。

性别判别 ♂：全身大体为玫瑰红色，翼上有两道白横斑（图 137.1）。

♀：头部为橄榄黄色（图 137.2）。

年龄判别 成鸟：中央尾羽端部钝尖形（137.4）。

1 龄鸟：亚成体雄性下体无红而偏灰黄色，中央尾羽端部钝尖形（图 137.3、图 137.5）。

图 137.1

图 137.2

图 137.3

图 137.4

图 137.5

138. 红腹灰雀 *Pyrrhula pyrrhula*

鉴别要点 体长 15~17 cm。背部灰色，腰部白色，初级飞羽、次级飞羽和尾羽黑色。

性别判别 ♂：颊、耳羽和喉部红色；胸和腹灰色稍沾红（图 138.1 右）。

♀：颊、耳羽和喉部灰色；胸和腹灰色（图 138.1 左）。

年龄判别 成鸟：中央尾羽端部圆形（图 138.2）。

1 龄鸟：中央尾羽端部尖形（图 138.3）。

图 138.1

图 138.2

图 138.3

139. 蒙古沙雀 *Pyrrhula pyrrhula*

鉴别要点　体长 11~14 cm。嘴短粗、黄色，呈圆锥状；尾短，尖端明显呈叉状。上体沙褐或皮黄褐色，头顶和背、肩具不甚明显的暗色纵纹，两翅和尾黑色具棕白或灰白色羽缘，翅上有玫瑰红色斑，眉纹和腰粉红色。下体灰粉红色，腹和尾下覆羽白色。

性别判别　♂：颊、耳羽和喉部红色；胸和腹灰色稍沾红（图 139.1）。

♀：颊、耳羽和喉部灰色；胸和腹灰色（图 139.2）。

年龄判别　**成鸟**：中央尾羽端部钝尖形。

1 龄鸟：中央尾羽端部锐尖形。

图 139.2

图 139.1

140. 粉红腹岭雀 *Leucosticte arctoa*

鉴别要点 体长 14~18 cm。腹部和两胁羽缘粉红色。

性别判别 ♂：颊、耳羽和喉部红色；胸和腹灰色稍沾红（图 140.1）。

♀：颊、耳羽和喉部灰色；胸和腹灰色（图 140.2）。

年龄判别 **成鸟:** 中央尾羽端部钝尖形（图 140.3）。

1 龄鸟: 中央尾羽端部锐尖形。

图 140.3

图 140.1

图 140.2

141. 金翅雀 *Chloris sinica*

鉴别要点 体长 12~14 cm。腰金黄色,尾下覆羽和尾基金黄色,翅上翅下都有一块大的金黄色斑块。

性别判别 ♂:头部绿灰,背栗褐,腰黄。飞羽黑,翼上有黄色块斑。尾黑而基部黄。胸和腹暗黄,尾下覆羽黄色(图 141.1)。

♀:头部灰褐具纵纹,其他部位色略淡(图 141.2)。

年龄判别 **成鸟**:初级飞羽、次级飞羽黄斑较长(图 141.3 上),第 5 枚尾羽端部钝尖形(图 141.4)。

1 龄鸟:初级飞羽、次级飞羽黄斑较短(图 141.3 下),第 5 枚尾羽端部尖形(141.5)。

图 141.1

图 141.2

图 141.3

图 141.4

图 141.5

142. 白腰朱顶雀 *Acanthis flammea*

鉴别要点　体长 11.5~14 cm。头顶朱红色，腰部白色，有黑灰色纵纹。

性别判别　♂：嘴基两侧和胸红色（图 142.1 左）。

♀：胸白而无红色（图 142.1 右）。

年龄判别　成鸟：中央尾羽端部钝尖形（图 142.2）。

1 龄鸟：下体沾黄；尾羽端部尖形（图 142.3）。

图 142.1

图 142.2

图 142.3

143. 极北朱顶雀 *Acanthis hornemanni*

鉴别要点 体长 12~14 cm。头顶有一朱红色斑，腰白色。

性别判别 ♂：腰纯白沾红；胸部有面积不大的浅红色（图 143.1）。

♀：腰纯白不沾红；胸部没有浅红色（图 143.2）。

年龄判别 **成鸟：**中央尾羽端部钝尖形（图 143.3）。

1 龄鸟：中央尾羽端部尖形（图 143.4）。

图 143.1

图 143.2

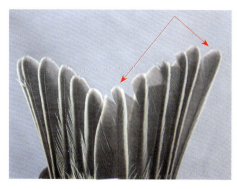

图 143.3

图 143.4

144. 红交嘴雀 *Loxia curvirostra*

鉴别要点　体长 15~17 cm。上、下嘴先端交叉，翅上无白斑。

性别判别　♂：鸟体朱红色（图 144.1、图 144.3）。

♀：鸟体黄绿色（图 144.2）。

年龄判别　**成鸟**：大覆羽羽缘不明显（图 144.4），尾羽羽端钝尖形（图 144.6、图 144.8）。

1 龄鸟：大覆羽羽缘明显（图 144.3、图 144.5）。尾羽羽端锐尖形（图 144.7、图 144.9）。

图 144.3

图 144.1

图 144.2

羽缘不明显

图 144.4

羽缘明显

图 144.5

图 144.6

图 144.7

图 144.8

图 144.9

145. 白翅交嘴雀 *Loxia leucoptera*

鉴别要点 体长 14~16 cm。上、下嘴先端相互交错，翅上有两道白色翅斑。

性别判别 ♂：体羽除翼和尾黑色外，其余基本为红色，翼上具两道白色横斑（图 145.1）。

♀：体羽除翼和尾黑色外，其余基本为黄绿色，翼上具两道白色横斑（图 145.2）。

年龄判别 **成鸟**：大覆羽、中覆羽白色羽缘较宽（图 145.1、图 145.2），第 2、3 枚尾羽羽端钝圆形（图 145.4）。

1 龄鸟：大覆羽、中覆羽黄白色羽缘较窄（145.3），第 2、3 枚尾羽羽端锐尖形（图 145.5）。

图 145.3

图 145.1

图 145.2

图 145.4

图 145.5

146. 黄雀 *Spinus spinus*

鉴别要点 体长 11~12 cm。上体黄绿色，腰黄色，两翅和尾黑褐色，尾基两侧和翅斑鲜黄色。

性别判别 ♂：额和头顶黑色；尾羽黑而基部黄，上体金黄色，颏黑色（图 146.1）。

♀：头至背黄绿具纵纹；下体仅两侧黄而满布纵纹（图 146.2）。

年龄判别 **成鸟**：中央尾羽端部钝尖形（图 146.1、图 146.2、图 146.4）。

1 龄鸟：中央尾羽端部尖形（图 146.3、图 146.5）。

图 146.1

图 146.2

图 146.3

图 146.4

图 146.5

铁爪鹀科 Calcariidae

147. 铁爪鹀 *Calcarius lapponicus*

鉴别要点 体长 14~18 cm。上体皮黄色或沙黄褐色，具黑色或黑褐色纵纹，下体白色。

性别判别 头、额、喉、胸黑色，后颈深栗色（图 147.1）。

♀：头非黑色，喉部白色（图 147.2）。

年龄判别 成鸟：第 4~6 枚尾羽羽端钝尖形（图 147.3）。

1 龄鸟：第 4~6 枚尾羽羽端尖形（图 147.4）。

图 147.2

图 147.1

图 147.3

图 147.4

148. 雪鹀 *Plectrophenax nivalis*

鉴别要点　体长 16~18 cm。胸、腹部为白色。

性别判别　♂：夏季嘴黑褐色。头部、颈、下体全白。背部黑色（图 148.1）。冬季嘴黄色，头部中央到后颈、耳羽栗色，头侧至喉白色（图 148.2）。

　　♀：翅上白斑较窄；背主要为褐色具深色纵纹，两胁栗褐色（图 148.3）。

年龄判别　**成鸟**：中央尾羽较宽（图 148.4）。

1 龄鸟：中央尾羽较窄（图 148.5）。

图 148.1

图 148.2

图 148.3

图 148.4

图 148.5

鹀科 Emberizidae

149. 栗耳鹀 *Emberiza fucata*

鉴别要点 体长 14~16 cm。颊和耳羽栗色，在头侧形成一大的栗色块斑，颊纹皮黄白色，颚纹黑色；背栗色或栗褐色，具黑色纵纹；上胸有一排由黑色斑点组成的黑带，两端与黑色颚纹相连，形成一黑色 U 形斑，其下有一栗色胸带。

性别判别 ♂：颏、喉棕白色。喉两侧具黑色纹并直达前胸连成 U 字形，后胸栗色（图 149.1）。

♀：羽色浅淡（图 149.2）。

年龄判别 成鸟：中央尾羽端部钝尖形。

1 龄鸟：中央尾羽端部锐尖形。

图 149.1

图 149.2

149

150. 栗斑腹鹀 *Emberiza jankowskii*

鉴别要点　体长 15~17 cm。头顶至背栗红色，眼先和颧纹黑褐色，黑色颧纹上还有一白纹，耳羽褐色或灰褐色，眉纹白色或灰白色。背、肩具黑色纵纹，腰至尾上覆羽砖红色无纵纹，两翅和尾黑褐色，两对外侧尾羽具白斑。下体污白色或灰白色腹中央有一块大的深栗色斑。

性别判别　♂：颧纹边缘整齐、黑色，腹部有大的、深栗色斑（图 150.1）。

♀：颧纹边缘不整齐、黑色，腹部有小的浅栗色斑（图 150.2）。

年龄判别　成鸟：中央尾羽较宽（图 150.3）。

1 龄鸟：中央尾羽较窄（图 150.4）。

图 150.2

图 150.1

图 150.3

图 150.4

151. 灰眉岩鹀 *Emberiza godlewskii*

鉴别要点 体长 15~18 cm。头、枕、头侧、喉和上胸蓝灰色，眉纹、颊、耳覆羽蓝灰色或白色，下胸、腹等下体红棕色或粉红栗色。

性别判别 ♂：额、头顶、枕，一直到后颈均为蓝灰色，头顶两侧从额基开始各有一条宽的栗色带，其下有一蓝灰色眉纹，眼先和经过眼有一条贯眼纹，在眼前段为黑色，经过眼以后变为栗色（图 151.1），冬羽颜色略浅（图 151.2）。

♀：头顶至后颈为淡灰褐色且具较多黑色纵纹，下体羽色较浅淡（图 151.3）。

年龄判别 **成鸟**：中央尾羽端部钝尖形；最外侧尾羽较宽，羽端圆弧形（图151.4）。

1 龄鸟：中央尾羽端部锐尖形；最外侧尾羽较窄，羽端锐尖形（图 151.5）。

图 151.4

图 151.1

图 151.5

图 151.2

图 151.3

152. 黄鹀 *Emberiza citrinella*

鉴别要点　体长 15~17 cm。头顶两侧和枕有灰绿色斑纹。

性别判别　♂：头顶两侧和枕有灰绿色斑纹，喉侧有一栗色颚纹，胸有一宽阔的栗色并掺杂有橄榄灰色的横带（图 152.1）。

♀：头顶两侧和枕没有灰绿色斑纹，喉侧没有栗色颚纹（图 152.2、图 152.3）。

年龄判别　成鸟：中央尾羽端部钝尖，最外侧尾羽白色羽缘较宽。

1 龄鸟：中央尾羽端部尖，最外侧尾羽白色羽缘较窄。

图 152.3

图 152.1

图 152.2

153. 三道眉草鹀 *Emberiza cioides*

鉴别要点　体长 15~18 cm。头顶、后颈和耳覆羽栗色，眉纹和颊灰白色或白色，眼先和冠纹黑色，在黑色冠纹上面有一宽的白带。

性别判别　♂：头顶栗色，头侧黑色。眉纹和颊灰白色。背栗红色具黑色纵纹。喉浅灰色，胸和腹侧红棕色。腹中央淡棕色（图 153.1 左）。

　　♀：体色淡，头顶具纵纹，眉纹土黄色（图 153.1 右）。

年龄判别　成鸟：尾羽较宽（图 153.2）。

1 龄鸟：尾羽较窄（图 153.3）。

图 153.1

图 153.2　　　　　　　　　　　　　图 153.3

154. 白头鹀 *Emberiza leucocephalos*

鉴别要点　体长 16~18 cm。腰和尾上覆羽为栗色,具沙皮黄色羽缘(鱼鳞斑)。

性别判别　♂:夏羽头顶中央白色,两侧黑色。颏、喉及眉纹栗色。背红褐色具黑褐色纵纹。胸栗红色,胸与喉之间有一半月形白斑(图 154.1)。秋冬季节,冠羽吹开后,白斑明显(图 154.2)。

♀:头、胸部无白,喉米黄色,全身多纵纹(图154.3)。

图 154.2

年龄判别　成鸟:中央尾羽端部尖,最外侧尾羽白色羽缘较宽(图 154.4)。

1 龄鸟:中央尾羽端部圆,最外侧尾羽白色羽缘较窄(图 154.5)。

图 154.1

图 154.3

图 154.4

图 154.5

155. 黄喉鹀 *Emberiza elegans*

鉴别要点　体长 15~16 cm。喉黄色。

性别判别　♂：头顶具黑褐色羽冠。头侧黑色，颏、喉、羽冠下和眉纹黄色。胸部有半月形黑斑（图 155.1）。

♀：色淡且胸部无黑斑（图 155.2）。

年龄判别　**成鸟**：外侧尾羽端部钝尖形（图 155.3）。

1龄鸟：外侧尾羽端部尖形，且磨损严重（图 155.4）。

图 155.1

图 155.2

图 155.3

图 155.4

156. 红颈苇鹀 *Emberiza yessoensis*

鉴别要点　体长 13~15 cm。后颈、腰和尾上覆羽棕红色。

性别判别　♂：夏羽头部黑色，后颈和侧颈棕红色。冬羽头部黑而羽缘灰黄色，土黄色眉纹，背部颜色浅淡（图 156.1）。

♀：雌鸟似雄鸟冬羽，但喉白色，两侧具黑褐色线（冬季不明显）（图 156.2）。

年龄判别　成鸟：外侧尾羽端部钝尖形（图 156.3）。

1 龄鸟：外侧尾羽端部尖形（图 156.4）。

图 156. 2

图 156. 1

图 156. 3

图 156. 4

157. 芦鹀 *Emberiza schoeniclus*

鉴别要点 体长 15~17 cm。翅上小覆羽栗色。

性别判别 ♂：头部黑色，颚纹白并与颈部的白环相连，小覆羽棕色（图157.1），冬羽颜色稍浅（图157.2）。

♀：头部不为黑色，喉灰褐色，两侧杂黑羽（图157.3）。

年龄判别 成鸟：中央尾羽端部圆形（图157.4）。

1 **龄鸟**：中央尾羽端部锐尖形（图157.5）。

图 157.3

图 157.1

图 157.4

图 157.5

图 157.2

158. 苇鹀 *Emberiza pallasi*

鉴别要点 体长 13~15 cm。翅上小覆羽灰色。

性别判别 ♂：夏羽头部黑色，颚线白色并与颈部的白环相连（图 158.1），冬季冠羽基部全黑色（图 158.4）。

♀：雌鸟似雄鸟冬羽，但喉两侧具黑褐色线（冬季不明显），下体两侧有褐色纵纹（图 158.2、图 158.3）。冬季冠羽中央基线黑棕色（图 158.5）。

图 158.1

年龄判别 **成鸟**：外侧尾羽端部钝尖形（图 158.6）。

1 龄鸟：外侧尾羽端部尖形（图 158.7）。

图 158.2

图 158.3

图 158.4

图 158.5

图 158.6

图 158.7

159. 黄胸鹀 *Emberiza aureola*

图 159.1   图 159.2

鉴别要点　体长 14~16 cm。翅上具一白色翅斑；下体黄色。

性别判别　♂：上体栗红色，翼上具白横斑。额、头侧和颏黑色，下体鲜黄色，上胸有栗红色横带（图 159.1、图 159.3 右）。

　　　　♀：有黄色眉纹。背部棕褐色，具黑褐色纵纹。腰和尾上覆羽栗红色。下体淡黄色，两胁有黑褐色纵纹（图 159.2、图 159.3 左）。

年龄判别　成鸟：外侧尾羽端部钝尖形（图 159.4）。

1 龄鸟：外侧尾羽端部尖形（图 159.5）。

图 159.3

图 159.4   图 159.5

160. 田鹀 *Emberiza rustica*

图 160. 1   图 160. 2

鉴别要点 体长 13~15 cm。胸具宽阔的栗色横带, 腰羽栗色具有土黄色羽缘, 类似鱼鳞斑。

性别判别 ♂: 夏羽头顶、后颈和头侧黑色, 有白色眉纹; 胸部具栗色横带 (图 160.1); 冬羽头部的黑色转为棕褐色, 耳羽后方具黑色斑 (图 160.2)。

♀: 耳羽后方不具黑色斑 (图 160.3)。

年龄判别 成鸟: 外侧尾羽端部钝尖形 (图 160.4)。

1 龄鸟: 外侧尾羽端部尖形, 且磨损严重 (图 160.5)。

图 160. 4

图 160. 3

图 160. 5

161. 小鹀 *Emberiza pusilla*

鉴别要点 体长 11~14 cm。上体沙褐色，具有黑褐色羽干纹。

性别判别 ♂：头顶中央及耳覆羽非常深的栗色，沿着头顶之侧宽带墨黑色。颊及上喉栗色（图 161.1）。

♀：头的栗色淡，头顶侧为深褐色。颊及上喉污白色（图 161.2）。

年龄判别 成鸟：外侧尾羽端部钝尖形（图 161.3）。

1 龄鸟：外侧尾羽端部尖形（图 161.4）。

图 161.2

图 161.1

图 161.3

图 161.4

162. 灰头鹀 *Emberiza spodocephala*

鉴别要点 体长 13~16 cm。腹至尾下覆羽黄白色，腰和尾上覆羽无纵纹。

性别判别 ♂：头部至胸青灰色，背部橄榄褐色具黑色纵纹，腹柠檬黄色，两胁褐色具纵纹（图 162.1）；冠羽中央黑褐色较宽（图 162.3）。

♀：头颈与背同色。胸黄色有纵纹，腹部黄色较淡（图 162.2）；冠羽中央呈黑褐色细线（图 162.4）。

年龄判别 成鸟：外侧尾羽端部钝尖形（图 162.5）。

1 龄鸟：外侧尾羽端部尖形（图 162.6）。

图 162.1

图 162.2

图 162.3

图 162.4

图 162.5

图 162.6

163. 栗鹀 *Emberiza rutila*

鉴别要点 体长 14~15 cm。腰和尾上覆羽栗色，无纵纹。

性别判别 ♂：头部、背部至尾上覆羽、喉至前胸均为栗红色。下体亮黄色（图163.1）。

♀：头、肩及背部橄榄褐色，腰和尾上覆羽栗红色，下体全黄且两侧有纵纹（图163.2）。

年龄判别 **成鸟**：外侧尾羽端部钝尖形（图163.3）。

1 龄鸟：外侧尾羽端部锐尖形（图163.4）。

图 163.2

图 163.1

图 163.3

图 163.4

164. 黄眉鹀 *Emberiza chrysophrys*

鉴别要点 体长 13~17 cm。头顶和头侧黑色，头顶中央有一白色中央冠纹，前段较窄，到枕部变宽，眉纹黄色，至眼后变为白色。

性别判别 ♂：头顶和头侧黑色，眉纹鲜黄色（图 164.1、图 164.2）。

♀：头部黑色淡，近栗褐色，喉近白色，下体纵纹较多（图 164.3）。

年龄判别 成鸟：外侧尾羽端部钝尖形（图 164.4）。

1 龄鸟：外侧尾羽端部尖形（图 164.5）。

图 164.1

图 164.2

图 164.3

图 164.4

图 164.5

165. 白眉鹀 *Emberiza tristrami*

鉴别要点 体长 13~16 cm。雄鸟头黑色，中央冠纹、眉纹和一条宽阔的颚纹概为白色；腰和尾上覆羽栗色或栗红色。

性别判别 ♂：头部及喉黑色，头顶中央冠纹、眉纹和颚纹白色。腰和尾上覆

图 165.1

羽栗色，前胸和下体两侧栗色具深色纵纹；腹中央白色（图 165.1）。

♀：雌鸟似雄鸟，但头部黑色部分深褐色；喉白色，羽缘黑（图 165.2）。

年龄判别 **成鸟**：中央尾羽端部尖，最外侧尾羽白色羽缘较宽（图 165.3）。

1 龄鸟：中央尾羽端部圆，最外侧尾羽白色羽缘较窄（图 165.4）。

图 165.2

图 165.3

图 165.4

参考文献

[1] 黑龙江中央站黑嘴松鸡国家级自然保护区管理局. 嫩江常见雀形目鸟类性别和年龄简易判别手册 [M]. 哈尔滨：东北林业大学出版社, 2018.

[2] Lars Svensson. Identification Guide to European Passerines [M]. London：HarperCollins UK, 2005.

[3] Lars Svensson, Killian Mullarney, Dan Zetterstrom. Collins Bird Guide：2nd Edition [M]. London：HarperCollins UK, 2010.

[4] 常家传, 桂千惠子, 刘伯文, 等. 东北鸟类图鉴 [M]. 哈尔滨：黑龙江科学技术出版社, 1995.

[5] 赵正阶. 中国鸟类志 [M]. 长春：吉林科学技术出版社, 2001.

[6] 郑作新. 中国鸟类系统检索：3 版 [M]. 北京：科学出版社, 2002.

[7] 郑光美. 中国鸟类分类与分布名录：4 版 [M]. 北京：科学出版社, 2023.

[8] 刘阳, 陈水华. 中国鸟类观察手册 [M]. 长沙：湖南科学技术出版社, 2021.

[9] 赛道建, 孙玉刚. 山东鸟类分布名录 [M]. 北京：科学出版社, 2013.

[10] Norevik, G., Hellstrom, M., Liu, D. & Petersson, B. Ageing & Sexing of Migratory East Asian Passerines [M]. Morbylanga：Avium forlag A B, 2020.

[11] Woo-Shin Lee, Tae-Hoe Koo, Jin-Young Park. A Field Guide to The Birds of Korea [M]. Seoul：LG Evergreen Foundation, 2000.